13岁前妈妈要读的心理学

胡琳 ◎ 编著

中国纺织出版社

内 容 提 要

13岁,是孩子儿童期和少年期的分水岭。13岁前,孩子如果心智发育成熟,青春期就能够轻松顺利地度过,并且在前行的路上保持从容和自信。

本书旨在帮助父母了解孩子13岁前的心理,通过教育和引导,让孩子在行为、心理、情绪、气质、情商、智商等各个方面都能够平衡发展,为孩子之后的人生发展夯实基础。

图书在版编目(CIP)数据

13岁前,妈妈要读的心理学/胡琳编著. --北京:中国纺织出版社,2018.1(2019.3重印)
ISBN 978-7-5180-4581-5

Ⅰ.①1… Ⅱ.①胡… Ⅲ.①小学生—儿童心理学 Ⅳ.①B844.1

中国版本图书馆CIP数据核字(2018)第021517号

责任编辑:闫 星 特约编辑:李 杨 责任印制:储志伟

中国纺织出版社出版发行
地址:北京市朝阳区百子湾东里A407号楼 邮政编码:100124
销售电话:010—67004422 传真:010—87155807
http://www.c-textilep.com
E-mail: faxing@c-textilep.com
中国纺织出版社天猫旗舰店
官方微博http://weibo.com/2119887771
三河市延风印装有限公司印刷 各地新华书店经销
2018年1月第1版 2019年3月第3次印刷
开本:710×1000 1/16 印张:15
字数:211千字 定价:36.80元

凡购本书,如有缺页、倒页、脱页,由本社图书营销中心调换

preface 前言

13岁，往往是孩子成长过程中的一个分水岭，这不仅是因为从此以后他们即将告别小学阶段，进入中学，而且孩子在13岁以后，其已经成型的个性、习惯以及智力因素等方面往往比较难以改变。

13岁，意味着孩子即将结束小学的学习生活，进入中学继续求学；意味着孩子已经结束儿童期，进入少年期，并即将踏入青年的初期；意味着孩子即将跨入一个高速成长的阶段——青春期。大量事实证明，孩子在13岁以前，可塑性是极强的。在这一阶段，假如给孩子大脑里输入"乐观""勇敢""人生是美好的"等关键词，那么这些优良的品质与思想，必将伴随着孩子的一生，令其终身受益；反之，在这一阶段，若将"狭隘""自私""懒惰"等关键词输入孩子的大脑，那么这些不良的品质与思想，必将伴随孩子的一生，令其受害终生。

心理学家利希特曾经指出："对孩子来说，他一生中最重要的时期是童年时代，在这个时期，他开始通过和别人的交往给自己的生活添加色彩，效仿别人的生活，任何一个新上任的老师对孩子的影响都不会超过他的前任。"如何塑造出更优秀的孩子？这是一个备受父母关注的问题。在现实生活中，每一位父母都有自己的独到见解，不过真正实践起来，却不如想象中那般容易。这是为什么呢？原因在于父母意识中所谓的教子经验，并不是科学的教育方法。

心理学家指出，人的心理支配人的行为。作为父母，要教育孩子、改变孩子的行为习惯，就要从改变孩子的"心"开始。如果能够做到了解孩子的心理并因势利导，就可以收到意想不到的教育效果。孩子13岁以前的成长阶段，即从幼儿期开始到小学阶段，这是孩子个性形成和矫正的关键时期。假如在这个阶段，父母可以将心理学融入家庭教育中，对孩子进行正确的引导和教育，孩子的个性以及行为习惯就会进入一种良性循环；反之，假如错过了这个"最有效的教育期"，或者教育方法不当，那最后即便付出再多的努力，也极有可能是无效的。

本书主要介绍了针对孩子13岁之前的家庭教育，引导父母从心理学的角度正确而有效地教育孩子。具体表现在对孩子的情商教育、习惯培养、沟通教育、性格塑造、智商开发、学习教育、成长教育、交往教育、财商教育、网络教育、减压教育等方面，以更科学、更理性的方式促进孩子的全面发展。希望所有阅读此书的父母共同努力，一同倾力打造孩子更加美好的未来！

编著者

2017年12月

目录 contents

第1章 孩子成长心理学：了解孩子不同阶段的心理特点 ………… 1

　1岁之前：孩子的情感发育期 ………………………………………… 2

　1~2岁：孩子的情感依恋期 …………………………………………… 4

　2~3岁：孩子的第一个反抗期 ………………………………………… 7

　3~4岁：孩子自我意识萌发期 ………………………………………… 9

　5~8岁：儿童心理成长叛逆期 ………………………………………… 12

　8~13岁：儿童心理成长过渡期 ………………………………………… 15

第2章 儿童行为心理学：知晓孩子行为背后的动因和心思 ………… 19

　孩子喜欢说脏话，父母怎么办 ………………………………………… 20

　孩子喜欢撒谎，父母怎么办 …………………………………………… 23

　孩子做事总是拖拉，父母怎么办 ……………………………………… 25

　孩子喜欢搞破坏，父母怎么办 ………………………………………… 27

　孩子喜欢攀比，父母怎么办 …………………………………………… 30

　孩子喜欢追星，父母怎么办 …………………………………………… 33

第3章　儿童情绪心理学：正确理解和引导孩子的情绪 ………… 37

霍桑效应——允许孩子宣泄不良情绪 ……………………………… 38
习得性无助心理——允许孩子犯错 ………………………………… 40
飞镖效应——叛逆的孩子需要爱 …………………………………… 43
心理疲劳——别让孩子的心太累 …………………………………… 46
自我肯定感——允许孩子适度撒娇 ………………………………… 49
情绪宣泄心理——理解孩子的负面情绪 …………………………… 51

第4章　儿童气质心理学：遵循孩子的气质特点进行教育 ……… 55

父母如何判断自己的孩子属于何种气质 …………………………… 56
如何引导和培养胆汁质的孩子 ……………………………………… 58
如何引导和培养抑郁质的孩子 ……………………………………… 61
如何引导和培养多血质的孩子 ……………………………………… 64
如何引导和培养黏液质的孩子 ……………………………………… 66
别让孩子从小就不合群 ……………………………………………… 68

第5章　儿童个性心理学：引导和激发孩子的性格优势 ………… 71

"他希望成为蜘蛛侠"——解析领袖型孩子 ………………………… 72
"孩子总觉得自己不是亲生的"——解析怀疑型孩子 ……………… 74
"孩子总是多愁善感"——解析浪漫型孩子 ………………………… 76
"孩子对什么都不满意"——解析完美型孩子 ……………………… 79
"孩子总喜欢问为什么"——解析思考型孩子 ……………………… 81
"孩子总有使不完的劲儿"——解析活跃型孩子 …………………… 83

第6章　儿童学习心理学：引导和培养孩子自主学习 …………… 87

如何寓教于乐——解决孩子爱玩贪玩的问题……………………… 88

　　如何交替学习——解决孩子注意力分散的问题……………………… 90

　　如何学以致用——让孩子明白读书是为了什么……………………… 92

　　如何纵向比较——让孩子看到自己的进步……………………… 94

　　发挥目标效应——让孩子自我确立目标和实现目标……………………… 96

　　发挥兴趣效应——找准孩子的兴趣点并加以引导……………………… 98

第7章　儿童积极心理学：从小就塑造孩子的阳光心态……… 101

　　赏识教育——好孩子都是夸出来的……………………… 102

　　引导孩子乐观地看待生活……………………… 104

　　培养孩子自我反省的习惯……………………… 107

　　挫折教育——让孩子正确面对困境……………………… 109

　　走入孩子的内心，了解他的需求……………………… 112

　　积极营造和谐温馨的家庭氛围……………………… 114

第8章　儿童的心理障碍：引导和帮助孩子克服缺陷……… 117

　　孩子，别怕——引导孩子克服恐惧症……………………… 118

　　孩子，别郁闷——帮助孩子解开心中的郁结……………………… 120

　　孩子，别强迫自己——引导孩子克服强迫症……………………… 123

　　孩子，别一个人玩耍——引导孩子走出孤独症……………………… 126

　　孩子，别怀疑——引导孩子摆脱疑心病……………………… 129

　　孩子，别忧虑——让孩子远离抑郁症……………………… 131

第9章　儿童的消极心理：帮助孩子摆脱负面情绪……… 135

　　孩子遇事总是先害怕——引导孩子战胜胆怯心理………… 136

我就是讨厌他——引导孩子摆脱嫉妒心理 ················ 138
孩子看不起自己——引导孩子战胜自卑心理 ·············· 141
孩子不愿与人分享——引导孩子摆脱自私心理 ············ 144
他都没什么了不起——引导孩子克服自负心理 ············ 147
我偏要这样做——让孩子克服任性心理 ·················· 149

第10章 亲子沟通心理学：引导孩子远离成长叛逆的怪圈 ········ 153

父母教育思路统一，孩子成长更顺利 ···················· 154
了解自己的孩子，判断孩子别片面 ······················ 156
微笑和鼓励是开启孩子心门的钥匙 ······················ 158
顺应孩子的特点，肯定孩子的优点 ······················ 161
理解孩子的梦想，引导孩子实现目标 ···················· 163
平等沟通，不妨尝试蹲下来和孩子说话 ·················· 165

第11章 习惯养成心理学：引导孩子养成规矩，管好自己 ········ 169

好习惯决定孩子的命运 ································ 170
主动性原则——邀请比要求更重要 ······················ 172
糖果效应——拒绝奢侈浪费需要自制力 ·················· 174
赠人"玫瑰"效应——让孩子学会关心他人 ·············· 177
拒绝"融合效应"——让孩子勇于承担责任 ·············· 179
卢维斯定理——让孩子学会谦虚 ························ 181

第12章 减压教育心理学：别让孩子的心灵长期负重 ············ 183

挫折心理——培养孩子战胜困难的能力 ·················· 184
恐惧成绩排名——帮助孩子缓解心理压力 ················ 186

成长中的"逆境"——孩子也有烦恼 …………………………… 188
　　失败定律——引导孩子从失败中吸取教训 …………………… 190
　　情绪蔓延——父母需要自我减压 ……………………………… 192
　　望子成龙心理——降低期望值就是为孩子减压 ……………… 195

第13章　智商开发心理学：超凡的智商需要有意识地开发 …… 197

　　关注孩子的新发现——培养孩子的好奇心 …………………… 198
　　找准问题的解决方法——培养孩子独立思考的能力 ………… 200
　　让思维长出翅膀——培养孩子的想象力 ……………………… 203
　　神奇的思维创意——鼓励孩子突破常规思维 ………………… 206
　　思维的尝试——鼓励孩子多探索 ……………………………… 208
　　坚持不懈的精神——培养孩子的耐力 ………………………… 210

第14章　性教育心理学：别让性的困惑害了孩子 ……………… 213

　　父爱缺失，引导女儿性心理健康发展 ………………………… 214
　　在不同时期对孩子进行必要的性教育 ………………………… 216
　　如何对男孩进行针对性的性教育 ……………………………… 218
　　如何对女孩进行针对性的性教育 ……………………………… 221
　　引导孩子正确看待对异性的眷恋 ……………………………… 223
　　孩子早恋了，父母怎么办 ……………………………………… 225
　　孩子是否真的有同性恋倾向 …………………………………… 227

参考文献 ……………………………………………………………… 230

第 1 章

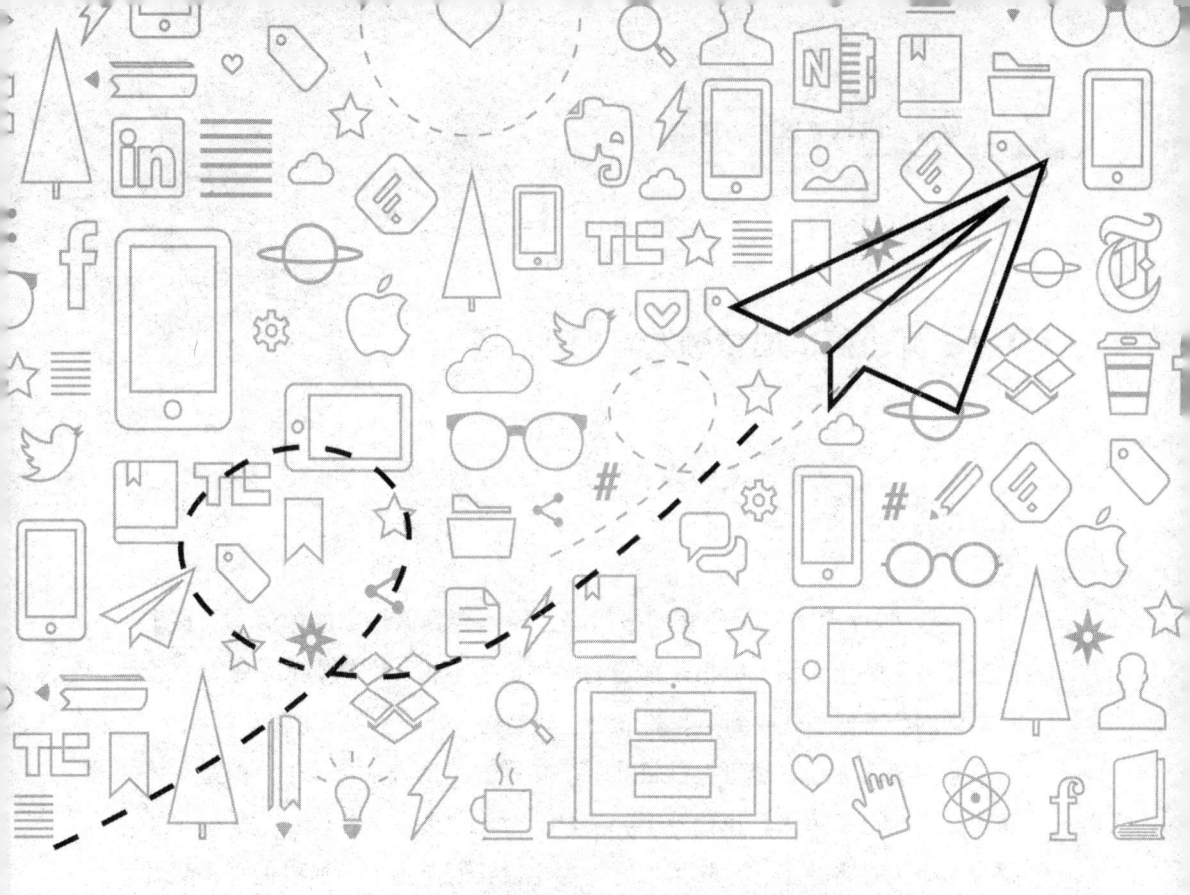

孩子成长心理学：
了解孩子不同阶段的心理特点

孩子总是缠着要妈妈，开始说"我要这个""我要那个"。在每个阶段的孩子，他们的小脑瓜里究竟在想些什么呢？为什么他们的言行如此奇怪呢？实际上，行动上的抗拒来源于心理上的对峙。不是因为孩子不懂，而是因为父母不懂他们的心理需要。

1岁之前：孩子的情感发育期

父母的烦恼

宝宝才6个月大，但年轻的张妈妈已经体会到做母亲的烦恼了。孩子总是要自己一个人抱，哪怕是孩子的奶奶也抱不去。一到别人手里，孩子那灵敏的鼻子似乎就嗅到不好的东西，马上就"哇哇"大哭起来。

张妈妈很无奈，尽管自己目前唯一能做的事情就是带孩子。但是，孩子总亲近自己一个人，也让她感到疲惫。对此，婆婆分析说："平时主要是你一个人在带孩子，他除了你之外再也没接触其他人，所以他总是腻着你，别人抱抱都不行。"真的是这样吗？张妈妈陷入迷茫，怎样才能让别人帮自己带孩子呢？

案例中这个宝宝表现出婴儿时期的依恋状态。依恋是婴儿寻求并企图保持他与母亲或亲近的人的身体联系的一种倾向。当然，婴儿的依恋主要是通过啼哭、笑、喊叫、咿呀学语等行为方式展现出来的。同时，这是婴儿与母亲之间的一种积极、充满深情的感情维系。

一般情况下，1岁之前的婴儿最基本的情感表现就是哭泣，他们通常会由于饥饿、生气、疼痛而发出哭泣的声音。这时年轻的父母若发现婴儿经常啼哭，就需要对他（她）做出应有的反应，而不是置之不理。当然，有时婴儿也会表现出伤心、厌恶、生气、惊讶、难过、开心的情绪。

而4~18个月的孩子已经能表达出许多种情绪了，他们时而喃喃自语，时而大哭，时而小声啜泣，这表示他们处于高兴、恐惧、失望等情绪状态中。甚至他们还会展现踢踢小腿、挥挥手、摇摇头、微笑等动作，以此来表露他们的情绪。

18个月以上的孩子渐渐有了自我意识,他们开始从喜欢照镜子,并知道镜子中的那个就是自己,开始想要挣脱父母的手臂去独行。孩子在这一阶段有着丰富的情绪,有时在上一刻他们还高兴地玩着,但是下一刻就伤心地大哭起来。对此,父母需要有耐心,应该意识到这样的行为对于自我意识渐渐增长的孩子而言是很正常的。

对此,作为父母需要注意孩子在这一阶段的情绪发育情况。

❤心理支招

1. 培养孩子的依恋情绪

婴儿在两岁前这段时期,会非常依赖照顾自己的人。不过这个人并非只是母亲,假如是父母之外的某个人照顾孩子,孩子也会对其产生同样的依恋情绪。可以说,依恋是孩子与照顾她的人之间的维系纽带。而对于父母而言,培养孩子依恋情绪的最好方法就是满足孩子的需要。例如,当孩子在哭泣的时候,父母需要做出及时的反应,那么孩子就会更加依恋父母,对父母会建立起强烈的信任感。假如孩子无法建立信任感,那么他(她)就难以在成长过程中再去信任别人。

2. 孩子对陌生人产生恐惧或害羞情绪

一般而言,孩子5~7个月时会对陌生人产生"恐惧"或"害羞"情绪。父母不要认为孩子性格会有内向的倾向,这是一种正常的现象。孩子在这一阶段会悄悄地躲在父亲或母亲身边,不想让陌生人触摸自己。通常情况下,孩子的这种怕生的状态会一直持续到上学的年龄,大概在两岁半以后消失。假如父母想帮助孩子摆脱这种情绪,就需要让孩子放松,并避免迫使孩子接近陌生人。父母需要明白,孩子认生是很正常的,这表示他(她)对父母有深深的眷恋,所以父母要拿出自己的耐心。

3. 正常的交流

尽管孩子较小,但他(她)对身边的人是有反应的。他们可以认出许多人的声音,例如父母,还有那些母亲怀孕期间常常接触到的人。他们还能够以母亲特殊的气味来认出她的乳房。通常孩子在6周大时开始学会微笑，或许在这之前父母有发现孩子微笑过，不过通常而言，偶然的脸部歪扭只是内部身体机能的一种自然反应，是一种先天性反射的结果。3个月大的孩子开始会笑，有的孩子并非真正的笑，而有的孩子每次笑时还会发出声音，不同孩子表现不一。

1~2岁：孩子的情感依恋期

父母的烦恼

丹丹出生后不久，妈妈就回到工作岗位工作，由于妈妈工作比较繁忙，孩子每天只能和奶奶生活在一起。妈妈经常早出晚归，而且经常出差，丹丹差不多整天都见不到妈妈，就连睡觉也跟奶奶在一起。

对丹丹而言，尽管自己住在家里，却像被寄养的孩子一样缺少和父母相处的机会。她和奶奶关系密切，每次奶奶回老家，丹丹都不想让她走，表现得比妈妈出差时还要悲伤。在丹丹3岁时，爷爷生病了，奶奶要回老家照顾爷爷，妈妈只好给丹丹找了个保姆。但是，丹丹十分排斥新来的保姆阿姨，每天又哭又闹。妈妈很无奈，只好换保姆，不过每次换的保姆，不论是好是坏，丹丹都难以接受。

丹丹的父母意识到了问题的严重性，而问题的根本是自己不应该把孩子完全托付给奶奶。当孩子形成对奶奶的依恋关系后，又接着给她换了别的保姆。妈妈又没有足够的时间陪孩子说话、玩耍。导致孩子和父母关系变得冷漠，她感到孤独，以至于完全封闭了自己。

心理学家认为，婴儿的依恋是渐渐发展形成的，一般可以分为三个阶段：0~3个月，婴儿在这一阶段对每个人的反应都是保持一致的，只要见到人甚至听到声音就会面露笑容，甚至喃喃自语；婴儿在3~6个月时开始认识身边的人，他们对认识的人会微笑、索取拥抱，而对不认识的人则不会做出此类反应；6个月~3岁时，孩子会表现出对父母的深深依恋，一旦母亲离开了，孩子就会哭闹，若母亲回来，孩子就会开心。对孩子而言，母亲就好像是自己安全的保护者。

依恋，是婴儿与其父母间一种特殊、持久的感情联结，属于婴儿早期重要情绪之一。婴儿喜欢和其依恋的人接近，感到舒适和愉快；遇到陌生的环境或人物时，父母的存在使之感到安全。当然，依恋感建立之后，孩子就会感到后顾无忧，从而更加自由地探索周围的新鲜事物，愿意与身边的人相互接近，从而对其以后的认知发展和社会适应产生良好影响。

美国一位心理学家设计了一种专门研究婴儿依恋的方法，称为陌生情境法。其实，孩子的依恋状态也是有所区别的，父母可以仔细观察。

冷淡依恋 有的孩子独自与母亲在一起时，极少关心母亲在干什么，而是关注于身边的环境和玩具。他们与母亲身体接触较少，很少与母亲有交流。这样的孩子在面对陌生人时很放得开，即便母亲走了，他们也不会哭闹，依然可以沉浸在自己的世界里。就算母亲回来了，他们也不会过分喜悦，没什么明显的行为。

极度依恋 有的孩子喜欢缠在母亲身边，与母亲身体接触极其频繁，对玩耍不积极，对陌生的人和事物比较拘束、退缩；母亲离开时会极力哭泣、悲伤、反抗；母亲回来时会奋力扑向母亲的怀抱，哭泣很久才会平复下来。

安全依恋 有的孩子独自与母亲在一起，会更关注周围的环境和玩具，与母亲保持一个适当的距离，与母亲分享玩具。孩子若遭遇紧张的情绪，则会向母亲寻求帮助和安慰。而且，这样的孩子在母亲的鼓励下，会很好地与陌生人交往。对于母亲的离开和回来，他们会保持一个合适的情绪，既不过分悲伤，也不过分高兴。

呆呆依恋 有的孩子对母亲的依赖大多体现在身体接触上，与陌生人交流少，有点怕生。一部分孩子在与母亲分离和重聚时表现出混乱的、不适宜的行为，例如总呆呆地站在那里，长时间不动，或斜眼看着母亲，有的既亲近母亲又反抗母亲。

当然，心理学家发现，安全依恋型的孩子，平时的表现正常，较少有反常的行为问题。不过其余三种类型的孩子，则表现出各种心理、行为问题，例如攻击性、过失行为、焦虑、胆小等；冷淡依恋型的孩子较容易出现明显的行为问题，例如攻击行为；极度依恋型的孩子容易出现内隐行为问题，例如胆小、退缩等。

那么父母如何做才是重视孩子的依恋感，如何做才可以让孩子顺利度过依恋期呢？

❤心理支招

1.给孩子一个拥抱

心理学家认为，孩子的依恋是他们情感萌芽的开端。对于刚出生的孩子，父母应多表达爱，而表达爱最直接的方式就是多抱抱孩子，多抚摸孩子。与成年人一样，孩子十分需要得到父母的抚摸、拥抱，其实这是一种天性，心理学家称之为"接触安慰"。一个充分得到父母爱和抚摸、拥抱的孩子，依恋感形成得健康，身心发展会比较健康、稳定，对外界环境较为信任，与父母的关系也更融洽。反之，一个没有满足依恋感的孩子会情绪不稳定、烦躁、冷漠，对外界环境缺乏信任感，与父母以及他人的关系比较紧张。

2.与孩子一起玩耍

父母与孩子一起玩耍，创造亲子同乐的机会，这对减少分离焦虑、促进孩子对母亲的安全依恋有很大的帮助。刚开始的时候，父母可以抱着孩子玩玩具，然后让孩子一个人坐着，父母在旁边和他一起玩。这时假如有其他的孩子一起参与就最好不过了，父母可以先将游戏方法示范给孩子看，然后让孩子自己玩，渐渐地让他能够自己一个人玩。当孩子可以独自玩的时候，父母可以去做一些家务事，不过一定不要离开孩子视线范围之内。

3.不要轻易把孩子交给别人照顾

现代社会，由于工作忙、压力大，很多父母生完孩子之后，就把带孩子的任务交给老人或保姆，这样做等于把自己的责任给推出去了。尽管短时间看不到这种教养方式对孩子的伤害，不过这种"只生不养"的教养方式必定影响孩子的健康成长。所以，不要轻易把孩子送至他处交给别人照看，而应尽量把孩子留在自己的身边，最好可以天天见到孩子。假如有实际困难，应由父母自己去克服，而不应让孩子去承担。父母不要整天只想工作，需要认真地对待和孩子相处的每一分钟，多听听孩子的心声。

4.形成安全型的依恋

孩子对母亲的依恋从出生开始到两岁半这段时期都比较强烈。在此期间，假如没有特殊情况，母亲最好与自己的孩子建立起稳定的依恋关系，不要常常让孩子生活在被剥夺母爱的环境里。即便母亲需要自己外出，孩子不愿意分离，也不要采取恐吓或打骂的行为，这会导致孩子出现不良的依恋后果，削弱亲子关系。而那些没有形成安全型母子依恋的孩子，一旦离开父母，就容易产生强烈的焦虑和不安，这样的孩子很难适应或者很长一段时间才能适应幼儿园的生活。

5.避免孩子产生失落情绪

有的父母确实是由于工作或特殊原因不能亲自带孩子的，也一定要想办法让孩子知道父母时刻都在关心着他（她），尽可能减少孩子情感上的失落。孩子不在身边时，父母要常常和孩子打电话，多沟通情感，定期去看孩子，这样孩子的失落感就会大大减少，从而有利于孩子的身心发展。

2~3岁：孩子的第一个反抗期

父母的烦恼

小表哥刚刚买了新的玩具，妹妹多多看见了也想玩。但是，对新玩具极度爱护的小表哥大声喊道："这是我的，我不想跟你一起玩！"一边躲着妹妹多多，一边跑向自己的房间，不管妈妈怎么哄都不肯对自己的新玩具放手。

而且小表哥最近总喜欢以各种理由将自己的玩具从楼上抛下，不仅扔玩具，还扔塑料瓶等各种材质的东西，或者把玩具扔到沙发下面、椅子下面等，弄得越糟糕小表哥反而越高兴。妈妈来阻止，小表哥反而更加兴奋，变本加厉地扔东西。

心理学家认为，2岁的孩子自我意识开始萌发，"我"字当头，开始想着反抗权威，所以往往与父母对着干，这就是孩子的第一反抗期。孩子表现得比较激烈，寻求强烈刺激，以发泄心中的不满。在这一阶段，开始对父母说"不"，对周围的事情他们都想大包大揽地干上一番，表现出非常自以为是。这时的孩子身体已经相当协调，能跑能跳，能抓能捏。他们进入了独立欲求的第一个反抗期，逆反是这个时候孩子的常见表现，开始对父母或者老师的要求做出的一些故意反抗的行为。

第一反抗期是孩子成长过程中的一个重要转折点，这一时期能否顺利度过对孩子今后的发展有很大的影响。在第一反抗期之前，孩子的生活都是由父母精心照料的，孩子的自由度较小，随着孩子独立意识的增强，自然要抵抗父母的约束。孩子出现逆反意味着长大，父母只有及时调整自己，适应孩子的变化，才可以做到与孩子一起成长。

孩子出现逆反时给人的感觉是火气很大，好像身体里充满了一股怨气。因此父母对待孩子的逆反期应该以疏导为主，尽可能避免与孩子针尖对麦芒地发生冲突。同时，父母要注意引导孩子，使孩子知道什么是对的，什么是错的，从而朝着正确的方向发展。

❤心理支招

1.教给孩子一些基本技能

这一阶段的孩子总是做不好一件事，心里着急，就容易发脾气。这时父母可以教孩子怎么做，例如，孩子玩积木时总是使积木滑下来，可以教孩子如何取得平衡；孩子投球老是投不准，接球又接不住，可以教他投掷，以及接应时手的放和收的技能，等等。

2.别指望孩子反思自己的行为

孩子发脾气时父母完全置之不理，想用无声让他（她）懂得"自己错了"，这对2到3岁的孩子而言是极不合适的。父母提前告诉孩子不能发脾气，否则就不让他（她）玩玩具或者把玩具送人，这个方法有时不会起作用。因为2岁的孩子还不懂得"否则"是什么意思，也不会对这样想问题：发脾气会导致没有玩具玩，不发脾气就有玩具玩，因此对孩子还需要适当的正面教育。

3.合理发泄情绪

遇到不愉快的事情，产生了不愉快的情绪，发泄比憋在心里要好。当父母对孩子生气的时候，不要对着孩子发泄，可以找一个枕头来代替孩子。当孩子想发脾气的时候，引导孩子不要朝父母发脾气，而是把怒气发泄到布娃娃身上。

4.拒绝的同时给予适当安慰

对于孩子提出的要求，能满足的尽可能满足。例如夏天孩子想吃冰淇淋，就让孩子吃一点；不过冬天时，孩子想吃也不能给他（她）吃。父母认为这是不合理的要求，不过孩子认为这两种情况是一样的，没有不合理和合理的区分。当孩子提出所谓的不合理要求时，可以用眼神、手势、简单否定等方式让他（她）懂得，这个要求父母不同意。但是，在拒绝孩子这个要求的同时，要给他合理的东西满足他。例如如果不给冰淇淋，可以给一块小蛋糕。只是拒绝，没有给予，就达不到教育目的。

3~4岁：孩子自我意识萌发期

父母的烦恼

妈妈去幼儿园接乐乐，老师告诉她，乐乐中午睡觉时尿床了。妈妈一听，恼怒地瞪着乐乐说："你怎么回事？昨晚你尿床，今天又尿，这么大了，还老尿床！"其他孩子听到后笑起来，对乐乐做鬼脸说："羞羞脸，羞羞脸。"乐乐"哇"的一声大哭起来。

乐乐是个腼腆的男孩子，为了塑造乐乐的男子汉气概，妈妈经常找机会要求他在众人面前表现自己，但乐乐总不配合。妈妈忍不住埋怨道："你这孩子，怎么这么没用啊！"以后，乐乐不管做什么事情都会想到妈妈这句话，变得更加畏首畏尾。

过年时，乐乐收到很多压岁钱。"妈妈，我有钱了。"乐乐高兴地炫耀，并把钱叠得整整齐齐，放在自己的小抽屉里。有一天，妈妈急着用钱，于是把乐乐抽屉里的钱取了出来。乐乐回家后，发现钱被妈妈拿走，当即哭闹起来。

孩子在开始认识自己的时期，有着一种矛盾心理：有心自己做事，又担心失败。所以，假如孩子失败时父母说："你看，你不按妈妈教的做，搞砸了吧。"孩子就会慢慢失去信心，容易变成依赖父母的消极孩子。

于是，父母总是感叹：孩子缺乏积极性。不过在这时父母应该反省一下，是否是自己扼杀了孩子自立意识的萌芽呢？尽管孩子开始认识自我，不过还缺乏自信，有时还会故意和父母作对，违背父母意志。在这个时期，父母在培养孩子的过程中态度如何，对孩子的人格形成将起到很大作用。

帮助孩子形成健康的自我，所谓"自我"，指的是人们依据周围环境发展而形成的有关自己的情感和态度。而"健康的自我"指的是人们按照周围环境的反应发展而形成的有关自己的正确认识及积极的情感和态度。假如孩子形成了健康的自我，就会使他们意识到自己在这个世界上是有价值、有力量、有能力、有位置的。这将帮助孩子树立起自尊心、自信心，获得客观的自我知觉、积极的自我意向与公正的自我评价，为他们人格的和谐发展奠定坚实的基础。反之，就会使他们产生自卑之感，丧失基本的自尊与自信，并导致自我知觉失真、自我意向消极、自我评价不公，从而使得人格的发展陷入混乱状态。

孩子对自我的认识过程，大概包含对以下三个问题的回答。第一个问题是"我是谁?"孩子要回答这个问题,需要有意识地了解自己——了解自己的身体、优缺点、兴趣、爱好,了解自己生活圈子里的父母、教师、同伴等。第二个问题是"我是什么样的孩子?"孩子了解自己后,慢慢明白"原来我是这样的"。不过他们能否正确地认识自己并在此基础上接受自己,在很大程度上受成年人和同伴的影响。第三个问题是"我往何处去?"孩子了解并接受了自我,对自己今后的目标和计划也有了模糊和朦胧的意识,并对自己将来要做什么、想要有什么样的成就等问题开始有了兴趣。

在孩子的自我发展中,由于受自身心理发展水平的限制,尤其是认识发展水平的限制,孩子自我认识发展的总体水平还是比较低的,他们还不能对自己进行独立、客观的评价,而往往按照父母的评价来评价自己。特别是孩子形成自我的第二个阶段,在这个阶段,父母的鼓励与支持是能够促进他们对自己积极的情感与态度的,而孩子能够接受自己,对自己形成积极的情感与态度,那么他们就更有可能形成健康的自我。

❤心理支招

1. 创建和谐的家庭环境

在平等和谐的家庭环境中,孩子能够自由地表达自己的兴趣和爱好,表现出自己与别人的不同之处。在这样开放的环境里,人际关系亲密、安定、平等、合作,大家彼此尊重和关心他人的自我,而不是以自己的自我去强求别人。父母在与孩子交往时,要把自己与孩子摆在一个平等的位置上。

2. 鼓励孩子,让孩子充满自信

父母要常常鼓励孩子做自己力所能及的事情,并在孩子缺乏自信时给予开导、支持和鼓励;更重要的是,父母不要以自己的需要要求代替孩子的需要和要求。为了增强孩子的自信心,父母应该采取"不加判断"的态度。当孩子有某种经验、反应、感受时,父母必须把它看作一种现实存在或真实表现加以接受,并鼓励他们坚持自己的观点。父母只有真正接受孩子的现实,孩子才有可能接受自己,并认为自己是有价值的人,是值得被注意和接受的。在这样的基础上,孩子才能形成乐观、积极的态度和信念。

3. 引导孩子建立良好的人际关系

孩子健康的自我是通过人与人之间的互动形成的，父母应帮助他们以满腔的热诚、富于同情与仁爱之心走向社会，建立良好的人际关系。父母在与孩子相处时，要熟练地掌握和运用爱的策略，善于向孩子表露自己的喜怒哀乐。成年人的情感世界通常比较内隐、含蓄，孩子的情感表达则直接而外露，这就要求父母将自己的情绪体验充分地表露在孩子面前，以达到交流的目的。当然，父母不但要善于真诚地向孩子坦露心迹，表达自己个人的一些内心感受，使孩子看到一个真实的父母形象，从而进一步强化彼此的情感联系。

4. 培养孩子对父母的信任感

孩子的隐私具有相对性，对不信任的人是隐私，对信任的人就不是隐私了。对此，父母需要尽可能通过关怀、尊重等方式争取赢得孩子的信任。

5. 为孩子保守秘密

父母一旦承诺为孩子保守秘密，就要严格遵守。假如不慎说了出去，一定要及时向孩子道歉，以得到孩子的谅解，同时也做好父母的榜样。

5~8岁：儿童心理成长叛逆期

父母的烦恼

原本吃饭习惯很好的孩子，最近突然不爱吃饭了。妈妈越是让他吃，他就越是不吃，还跳下饭桌去玩耍，最后软硬兼施才让孩子坐在妈妈怀里吃完了饭。

孩子每天有半小时的动画片时间，最近，看完规定的动画片之后，孩子总会提出相同的要求："我还要看一集动画片。"平时每天都会为了这个问题争执一番，终于在一个周末的晚上，妈妈同意孩子多看一集动画片，但孩子不听了，也不看动画片，而是平静地去玩玩具了。

科学研究表明，孩子的叛逆期通常分为三个阶段：2~3岁的宝宝叛逆期，6~8岁儿童叛逆期，14~16岁青春叛逆期。叛逆期的孩子通常有一些典型的表现：破坏性强，喜欢摔东西、拆玩具、乱写乱画、撕书本，或故意把玩具丢得满地都是；坚持要某一件东西，即便是另一件外表相同的也不要；坚持要穿某件衣服某双鞋，即便季节不符；想要做的事情坚决要做到，否则就大哭大闹；在公共场合坐地耍赖、打人；父母要求的事情偏偏不做，越是禁止做的事情就越要做；不理睬父母，宁愿自己玩，也不和父母一起玩；故意破坏之前订好的规矩；层出不穷地提出新的要求；和父母讲条件，要满足要求才肯做事；和别的小朋友玩耍时，争抢同一件玩具；不愿意和别人分享玩具，不过又喜欢抢别人的玩具，严重时还打人。

孩子产生自我意识后，必然对"我"的能力产生好奇。所以孩子会通过各种方式探索自己可以做什么，自己会对别人产生什么影响。由于破坏比建设更容易，孩子缺乏能力，所以他们通常通过破坏行为来判断自己的能力，而不是通过建设性行为。同时，由于孩子语言能力尚不完善，还不懂得通过语言来交流，所以这一时期的孩子在与人交往中会有一定程度的攻击性行为，而且乐于观察他（她）的攻击所带来的效果。

同时，孩子在自我意识成长的过程中，必将经过一个矛盾的阶段：一方面，孩子渴望独立，想要摆脱父母的控制；另一方面，在生活上、情感上又对父母有着依赖。这样矛盾的状况会造成孩子比之前更粘父母，担心父母会离开，同时又会不断挑战父母的权威，和父母"唱反调"。由于孩子的自我意识尚未真正建立，在独立和依赖之前来回游离。在孩子未来的成长过程中，这一现象还会不断重复，孩子未来究竟能否实现真正的独立，父母的态度是关键。

❤心理支招

1. 了解孩子叛逆行为的原因与动机

孩子和父母在一起的时间长，和父母最为亲近。要想了解孩子的需求，父母只有平时多注意观察，多学习孩子教育的相关知识，多和孩子交流。父母要充分理解孩子想要自己尝试、独立表现的需求，尽可能多创造一些条件，让孩子的需求得到适当的或充分的满足。

2. 在原则问题上不能迁就

叛逆期的孩子一方面不断挑战规则，另一方面又不断追求规则。假如规则混乱，孩子便缺乏安全感。父母在制定规则时要讲科学，规则一旦制定，就必须遵守。不制定超出孩子能力的规则，例如要求孩子上课不走神等。尊重孩子的需求，有时孩子只是要求自主行动，例如要自己穿衣服、自己吃饭，父母不应当因为怕麻烦而禁止孩子做。

3. 以巧妙方法进行引导

叛逆期的孩子问题较多，父母应针对不同的情况采用不同的方法巧妙引导。例如，父母让孩子吃饭，孩子偏不吃，父母可以采用激将法要求孩子不吃饭，孩子反而拼命要求吃饭；不让孩子关灯，孩子反而要求关灯。不过父母在使用这个方法时，语气应尽量真实、平静，根据孩子的情绪适当调整。

又如，孩子到处扔东西吸引父母注意力，这时父母要假装没看见，继续和家人聊天。孩子发现没有引起自己想要的效果，自然会停止这样的行为。

4. 耐心对待孩子的负面情绪

孩子情绪激动时，父母千万不要和孩子讲道理；当孩子大哭时，父母可以抱着孩子到安静的地方，或者静静地听孩子哭一会儿，让孩子平静；搞清楚孩子为什么哭，是哪一种情绪，伤心还是愤怒；对孩子表示同情和理解；等孩子情绪平静了，想新的办法转移其注意力。

8~13岁：儿童心理成长过渡期

> **父母的烦恼**

　　一个孩子刚刚进入小学一周，妈妈接他放学的时候，告诉妈妈自己不想上小学了，他想回幼儿园。妈妈觉得很惊讶，难道是孩子不习惯小学的生活吗？妈妈一边安慰着孩子，一边拉着他回家。回到家里，妈妈忧虑地把孩子的想法告诉了爸爸，爸爸也有些担心："这孩子，肯定还怀念幼儿园的乐趣呢。"于是，爸爸妈妈都耐心地开导孩子，问他为什么会有这样的想法。他憋了半天才慢慢地说："我觉得现在的老师没有幼儿园的阿姨喜欢我，还有班上的同学也不喜欢我，音乐课上也不让我唱歌，我不喜欢这里，我想回幼儿园。"听了孩子的话，妈妈觉得问题比较严重，这孩子还很迷茫，还没适应小学生活呢。

　　孩子刚上小学时都会信心十足，带着幼儿园里"小明星"这样的称号走入小学，在他们看来，这些荣耀是一直伴随自己的，可一旦自己在小学受到了冷落，就会产生厌学情绪。幼儿园对于每一个孩子来说都是一段最美好的时光，在这里，每位老师所负责的学生有限，所以，老师能轻易地发现每一个孩子的特长，孩子也会受到赞赏、重视，这无疑给了孩子很大的成就感、快乐感。

　　所以，孩子在刚进入小学时感觉"受挫"，这是很正常的。父母应该告诉孩子，老师需要花一段时间才能发现他的优点，让孩子放下过去在幼儿园所获得的成绩，争做一名合格的小学生。另外，在生活方面，父母要给予孩子帮助，帮助其脱离幼儿园的习惯，努力拥有独立意识和安全意识，以及一定的学习能力。

❤心理支招

1. 放松孩子紧张的心理

小学一年级，孩子正处于以游戏为主的幼儿园生活到小学的学习生活的过渡时期，一些孩子由于在入学前准备不够充分，出现了入学恐慌症。有的孩子因为压力大，晚上休息得不好，引发身体上的疾病，如发热、腹泻。因此，在这一阶段，父母要和孩子多沟通，积极引导孩子的心理，可以经常赞扬"我们的小学生回来了""今天你的幼儿园老师打电话了，说祝你成为一名优秀的小学生"，等等，让他觉得做一名小学生是一件光荣的事情，放松他们的紧张心理，让他们具备一个良好的心态。

2. 培养孩子独立意识和安全意识

孩子进入小学，意味着逐渐离开家庭，开始有一定的独立生活。为了消除孩子的紧张心理，父母应该培养孩子的生活自理能力，自己的事情自己做。这样的独立意识有别于孩子在幼儿园里那种凡事都让老师做的习惯，例如刷牙、洗脸、自己大小便、穿衣服、收拾书包等。同时，父母还需要教会孩子简单的劳动，例如扫地、擦桌子，还有学习工具的用法，例如如何使用剪刀、糨糊、削笔刀等。

3. 向孩子灌输一些安全知识

另外，父母还应该向孩子灌输一些安全知识，必须让孩子懂得并遵守交通规则，诸如简单的"红灯停，绿灯行"，在斑马线内才可以穿越马路，还需要明白"过马路，左右看，不能在路上跑和玩"，如果迷路了要找警察叔叔而不能跟不认识的人走。还要让孩子记住自己和父母的姓名、家庭住址、门牌号、家庭电话和父母工作单位等，以备不时之需。父母还需要教育孩子不玩火，不去拨弄电源开关，不拉扯电线，不去建筑工地玩，没有父母带领时不可以去游泳或玩水，以免酿成事故。这些必要的安全知识一定要让孩子知道，以防万一。

4. 帮助孩子引导正面情绪

也许，孩子在放学之后会抱怨"不喜欢上学""不喜欢学校"，这时候，作为父母，要尽量从正面引导孩子的情绪，尽量让上学这件事与快乐的情绪联系在一起。孩子放学后，可以询问孩子"今天开心不开心""今天又有什么好玩的""今天老师批评你了吗"等。父母一定要注意孩子情绪的引导问题，父母应站在老师、学校这一边，肯定学校，肯定老师，冷静、客观地分析孩子所说问题的症结在哪里，适当地与老师沟通，减少孩子的厌学情绪，以更利于孩子的学习。

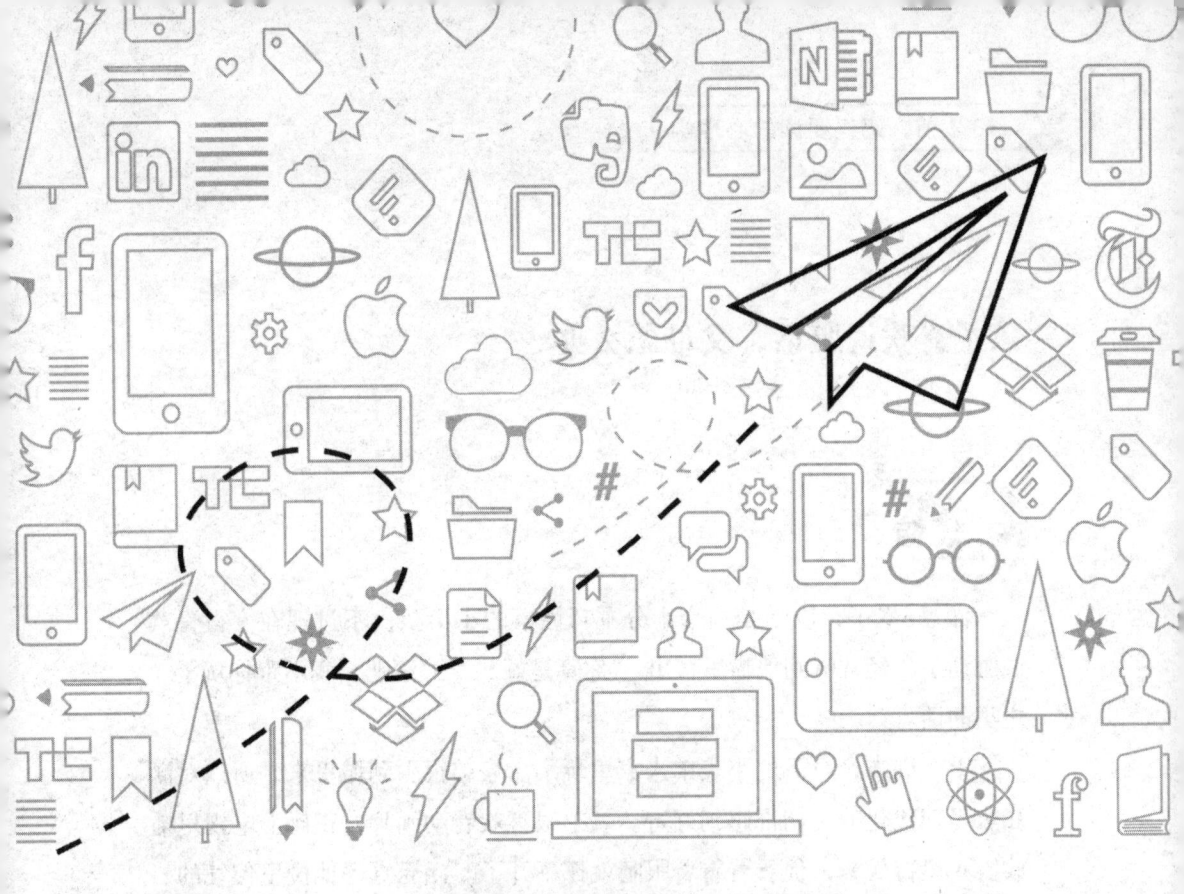

第 2 章

儿童行为心理学：
知晓孩子行为背后的动因和心思

心理学认为，人是一个处在与周围环境经常相互作用中的积极的活体，不但是行动的客体，同时是行动的主体。孩子有很多表情，如哭、撒娇、害羞等，每个表情的背后都有和成年人不同的原因，父母则需要解开所有的密码。

孩子喜欢说脏话，父母怎么办

父母的烦恼

涵涵6岁了，以前是一个十分乖巧懂事的小男孩，不过现在变得喜欢说脏话了，经常听到他嘴里冒出"你真是好二""滚吧，我不跟你玩了"之类的话。

上个周末，乡下的小表弟来家里玩了。表弟很少到城里来，所以对涵涵家里现代化的一切都感到好奇。表弟很喜欢看动画片，正碰上电视里播放着《奥特曼》，他看着看着眼睛就挪不开了。涵涵觉得他傻里傻气的，就故意将电视关了，不让小表弟看电视。结果小表弟拿着电视遥控器愣住了，乱按一通，结果电视还是没动静。涵涵看见了，笑着说："瞧你这个笨猪，世界上怎么会有你这样笨的猪呢？"小表弟听出涵涵在骂自己，难过地哭了起来。

妈妈知道了，严厉地教训了涵涵，涵涵也苦兮兮地承认了错误，并保证不再说此类的话。不过，还没过一天，孩子嘴里又开始蹦出脏话了。妈妈真是越想越着急，平时家里人并没有谁说过这样的话，孩子到底从哪里学来的呢？

儿童语言教育中出现的教育偏差与失误，这是一个不和谐的因素，该如何解决，这让父母苦恼不已。孩子是在犯错误中长大的，这无疑是一句至理名言。不过关键问题在于，当面对孩子的错误或问题时，父母应该怎么办？毫无疑问，解决任何问题都需要弄清原因才好对症下药。

孩子为什么会喜欢说脏话呢？

心理学家认为，幼儿期是语言、动作快速发展的时期，而孩子的语言和动作主要是通过模仿获得的。孩子知识经验少，分辨是非、好坏的能力较差。当听到别人说脏话，看到电视里的反面人物的奇怪模样时，他们并不理解那些脏话的意思，只是觉得新鲜、好玩，所以便模仿起来。同时，父母是孩子最亲近的人，他们是孩子语言学习的第一位老师。假如父母不注意自己的言行举止，常常说脏话、喜欢骂人，那么孩子肯定会受影响。

有的父母比较忙，没有时间和孩子一起游戏、聊天或给孩子讲故事，只顾埋头做自己的事情。孩子觉得受到冷落，于是就会冲着父母做个"鬼脸"或说句脏话，目的就是引起父母的注意。这时如果父母放下手里的事情，来处理孩子的行为问题，那么孩子就会感到很满足。在他们看来，父母放下手里的事情能和自己交谈，专门注意自己的行为，说明刚才的"鬼脸"或脏话是有效果的。

有些则是因为父母过于敏感的态度，当孩子无意地说一句脏话或模仿反面角色的怪样时，假如父母大惊小怪，或觉得逗趣，哈哈大笑，然后在笑声中严厉制止，便会引起孩子的"有意注意"，出于探索，他们会再次重复。假如父母生气，或付之无可奈何的一笑，无意中强化了孩子讲脏话或做怪样的行为。

面对孩子讲脏话，父母应该怎么办呢？

❤心理支招

1. 没有反应才是最好的反应

孩子第一次说脏话时，父母一定要控制自己想要大笑的冲动，那样孩子势必会把这当作正面的鼓励而不断重复。在几乎所有的情况下，孩子都是在试探：这是我听过的话，那人说时看起来比较激动，如果我说出来，父母会是什么样的反应呢？让父母发笑、生气或不安是孩子想拥有的一种强大力量。所以，听到孩子第一次说脏话，不要表现出来，没有反应才是最好的反应。

2. 用好玩的话代替脏话

假如孩子只是试试新词语，那父母可以说服他用另外一个令人激动的说法来代替。假如他是由于和许多成年人一样，没有合适的替代词来表达强烈的愤怒或沮丧才说脏话的，鼓励孩子大声说"我生气了""我很烦"也许有帮助。不过，假如孩子被警告了一两次之后还要说脏话，那就该好好管教了，父母要保持冷静，警告孩子："你说了那个词，必须受到惩罚。"

3. 教孩子学会尊重

假如父母让孩子觉得给其他小朋友起孩子式的外号没有关系，那你就完全错了。脏话会让孩子在幼儿园、游乐园和朋友家里陷入麻烦，所以父母需要向孩子解释骂人会让人伤心，即便其他孩子都这么说，这样做也是不对的。骂人和让人伤心都是不可以的，尽管孩子可能还在学习体会别人的感情，或许不能每次都记得先考虑别人，但依然需要知道自己什么时候是在伤害别人，即便自己不是故意的。

4. 提醒孩子不要说脏话

假如2岁大的孩子好像总有一两句脏话不离口，那么父母就需要说说他（她）了，不过关键在于态度平和，不要过于激动或愤怒。否则，每次父母生气，都等于在提醒孩子：他的本领非常大，能让你快速注意他（她）。当孩子说一些不好的词或脏话，父母只要用平静且平淡的口气清楚地告诉他（她），这些话是不允许说的："那种话不可以在家里或对其他人说。"

5. 小小的惩罚

假如孩子是因为想要什么东西而讲脏话，一定不要让孩子得到他想要的东西。即便父母已指明"说那样的话很不好"，也不能把他想要的东西给他。

6. 父母要注意自身的言行

假如孩子每天都听到脏话，就会很难相信那些话是不能说的。他也会很奇怪为什么规则只针对自己而不针对父母。孩子就像一块海绵，他会吸收自己从周围听到和看到的，并渴望和其他人分享自己所学到的东西，不论那是好的还是坏的。

孩子喜欢撒谎，父母怎么办

父母的烦恼

李女士的女儿今年8岁了，她把全部心思都放在女儿身上，关心女儿的生活、成长和学习，关心孩子的喜怒哀乐。不过她实在没有想到，女儿竟然开始对自己说谎了。

女儿不想去上学，希望待在家里，有姥姥陪着，觉得这样比在学校里和同学们待在一起舒服多了。有一天晚上，爸爸突然生病，姥姥和妈妈都劝爸爸第二天别去上班了，好好在家里休息。这样一来，女儿就觉得生病是件好事，可以不用去学校。于是她就开始了，今天跟妈妈说这里不舒服，过两天又跟妈妈说那里不舒服。刚开始李女士还真担心孩子哪里不舒服，就让女儿在家里休息。但慢慢李女士发现，女儿是在装病，而目的就是不去学校。

蒙特梭利认为，孩子说谎的最主要原因是孩子的心理畸变。他通过对孩子生活习性的观察发现，在一个陌生的环境中，孩子不能自由地实现自己原有的发展计划，就有可能导致心理畸变的发生，自然而然，孩子便学会了说谎。孩子喜欢撒谎，这是一种普遍存在的心理现象，甚至有心理学家认为，孩子先天具有欺骗和说谎的能力，任何年龄阶段的人，甚至包括刚刚出生的婴儿，也拥有一些天生的了解别人心理的能力。

既然孩子说谎是心理发展过程中的正常现象，父母就应该因势利导，在不扼杀孩子想象力的前提下鼓励孩子说实话，这对于孩子心理的发展是非常重要的。而且，并不是所有的谎言都应该被批评和反对。很多时候，孩子的谎言几乎都是善意的，并不会给别人带来伤害，父母应该做的就是保护孩子的谎言不会伤害自己和他人。

由于一些父母经常以打骂等惩罚手段来对待孩子的错误，这时孩子说谎是因为父母不让他们说真话，有时候孩子被父母哄骗之后心态也会发生改变。孩子的感情体验不管是积极的、消极的或是矛盾的，都应该鼓励他（她）别按照父母的意愿来说，而应该按照孩子自己的体验去说。有时候父母所谓的权宜之计往往会成为孩子说谎的样板，例如有人敲门找爸爸，爸爸不愿见，就叫孩子告诉找他的人说："爸爸不在家。"或者，孩子由于判断不准，把心里想的当作事实说出来，说出自己对现实中不存在的事物的一种想象，例如"我爸爸有一把手枪"，这种谎言表达了孩子希望的事实和渴望的场景。

❤心理支招

1. 了解孩子说谎的动机

假如孩子到了能够分辨是非的年龄依然在说谎，那么父母应该找出原因。有的孩子是因想要免受处罚而撒谎，他们往往会觉得自己说了真话反而会被惩罚；有的孩子则是出于无奈，在父母的逼迫之下选择撒谎；有的孩子为了讨父母欢心，为了不让父母生气，他们最本能的反应就是不承认自己所做过的错事。

2. 正确对待孩子的谎言

在面对喜欢幻想的孩子时，父母所扮演的角色是很重要的，父母不应该阻止孩子发挥他们的想象力，又要帮助孩子分辨什么是现实、什么是幻想。而孩子的想象转化成谎言，有时仅有一步之遥，这就需要父母正确引导。孩子拥有想象力是天性，不过假如父母对孩子的想象力一味地赞许，那就有可能让孩子的想象转化为谎言。假如父母一味地反对孩子的想象力，又会扼杀孩子的智力发育。因此，父母需要调整教育方法，及时纠正孩子不好的习惯。

3. 减少孩子的心理压力

父母对孩子过高的期望，会给孩子增加压力，从而导致孩子说谎。所以父母对孩子的期望值要合理，不要奢望他们做出超出自身能力的事情。

父母要以宽容之心对待孩子，经常与孩子交流，消除孩子的心理障碍，成为孩子的知心朋友。

4.树立良好的榜样

对喜欢说谎的孩子，威胁或强迫他（她）承认自己说谎都不是正确的办法，父母最好用一定的时间，冷静、严肃地与孩子谈谈。孩子承认错误之后，父母一定要称赞孩子诚实的表现，要这样说："我虽然不满意你做错了事情，但幸好你说出了真相，我实在很欣赏你的诚实。"父母是孩子的启蒙老师，其言行将影响着孩子的成长。因此，父母不要在孩子面前撒谎，即便是善意的谎言也要杜绝。父母要做到不论对人对事都真心实意，这样孩子才能坦诚做人。

孩子做事总是拖拉，父母怎么办

父母的烦恼

林妈妈很苦恼："我女儿会不会有什么问题？她干什么事情都是磨磨蹭蹭的，原本半小时就能写完的作业，她磨蹭两个小时都写不完，我在旁边看着，真是要抓狂了！"

林妈妈9岁的女儿每天放学回家后，就乖乖地坐在学习桌前，拿出作业本，摆出一副学习的架势。不过写了几个字之后，就跑去喝水，刚坐下又叫着要吃东西，一会儿又摆弄橡皮。忙活了半天，作业也没写完。

刚开始林妈妈还会耐心纠正，后来一着急就开始责骂了。女儿依旧写作业拖拉，林妈妈无奈，带着孩子找心理医生咨询。

大多数父母会面临一个令人烦恼的问题，那就是孩子做事拖拖拉拉，一件事要说很多遍孩子才会去做，或者说好几遍孩子还是无动于衷。孩子做事拖拉的原因是什么呢？

心理学家认为，现代孩子所受到的溺爱是非常严重的，不管孩子做什么事情，都有父母帮忙。尽管父母心疼孩子，总是希望能够给孩子最宽松的环境，让孩子没有压力地生活。但在父母全权操办的情况下，孩子会越来越依赖父母，在遇到任何事情的时候，第一时间想到的也是父母，在非要自己解决时，他们就会选择拖拉的方式。

当然，有的孩子拖拉并不是故意的，而是对所要做的事情不熟悉，他们害怕，试图通过拖拉的方式来逃避，类似于写作业、穿衣服、使用筷子等，都容易让孩子产生抗拒。而且，孩子毕竟是孩子，不会像成年人一样有很强的时间观念。他们在乎的是可以多玩耍一天，由于模糊的时间观念，他们不会明白"今天的事情必须完成，明天还有明天的事情"的道理。

再者，心理学家也指出，孩子不容易控制自己的注意力，吃饭时看到打开电视，就边吃饭边看电视；做作业时听到外面有动静，就会跑出去看看；本来想去刷牙，结果看见小猫过来了，就会逗逗小猫。这些情况很容易造成孩子做事拖拉，因此父母要注意随时提醒孩子，把孩子的注意力从其他的事情中拉回来。

不过，也有的孩子天生性格安静，做事缓慢，不管遇到什么事情，就是紧张不起来，做事情慢条斯理。眼看时间都快结束了，孩子还是慢吞吞的，急死了父母，孩子却一点儿也不着急。

孩子做事拖拉的原因有很多，父母应想办法解决这些问题。

❤心理支招

1. 规定任务，规定时间

父母可以准备一些简单的问题，规定时间，看在单位时间内孩子可以解决多少问题，敦促孩子提高效率。父母可以要求孩子在训练时下意识地记在心里，然后在自己做事时争取尽快完成。例如可以让孩子尝试一分钟写汉字训练，以及一分钟写数字训练，看孩子一分钟之内到底可写多少汉字、数字，记下来进行对比，让孩子体会到时间的宝贵。

2.给孩子自由支配的时间

许多父母喜欢在孩子做完作业后另外布置一些任务，为孩子安排得相当充分。这时孩子就会看出其中的端倪，就是自己一有空，父母就会布置新的任务。所以孩子的对策是拖延完成任务，在做事的时候边做边玩，也就是达到了玩的目的，又拖延了时间。这时父母就应该给孩子自由支配的时间，事先估计一下孩子完成任务需要多久，其余的时间可以让孩子休息。

3.完成任务即有奖赏

父母可以在日常生活中要求孩子，例如给孩子安排一个任务，规定在某个时间一定要完成，假如完成了给予一定奖励，否则将给予处罚。父母给出任务的时候，要记录自己交代任务的时间，假如孩子完成了，就要遵守自己的诺言，反之没完成也一样要遵守诺言，这样才能树立自己的威信。

4.以身作则

父母首先要以身作则，自己做事的时候避免有拖拉的坏习惯，否则父母在教育孩子时自己都不能理直气壮，孩子又怎么会接受教诲呢？父母需要在平时生活中做事有计划、有效率，否则留给孩子的印象就是拖拉的父母。

5.给孩子制订规划表

父母可以给孩子制订规划表，例如早上7点至7点10分起床，穿好衣服，刷牙。7点15分至7点30分吃早餐。将孩子一天应该做的事情都规定好，让他（她）努力去完成，若不能完成则给予一点小小的处罚，这样孩子就会自动自发地去做了。

孩子喜欢搞破坏，父母怎么办

父母的烦恼

孩子4岁多了，最近总是喜欢将别人的东西毁坏。前一天将爸爸放在桌子上的书稿全部用笔涂鸦了。昨天又将小哥哥的作业本给撕了，搞得小哥哥大哭，结果他却表现出一副无辜的样子。

遥控车的零件散落在客厅，桌子上的书本已经被撕得乱七八糟，电视遥控器也掉了地上……不用说，这又是孩子干的"好事"。虽然他才4岁，不过已经越来越让父母不知道如何是好了。孩子发育就比较快，他说话比较早，走路比较早，动手更早，但是，他这样的动手能力也太强了，每次都将东西全部毁坏才罢休。

孩子的这种情形就是心理学家所说的儿童破坏行为，孩子有这样的行为，父母大可不必紧张，我们可以与儿童心理学家一起认识孩子的这种行为。把自己感兴趣的东西拆开，是孩子学习探索的一种表现。他们不是故意去破坏一个东西，而是因为他对这个东西感兴趣，想看看里面到底有什么东西。例如，有的孩子喜欢把玩具拆开，去看看车子为什么会动，里面到底有什么东西。这时孩子沉浸在自己喜欢的事物里面，并努力通过自己的双手寻找答案。

有的孩子会以摔东西来表示"我生气了"，他们在发脾气时希望得到关爱，因为他们需要确认"我还是爸爸妈妈的宝贝"。孩子对现实中的事情都有自己的底线，若让他们承受过多的拒绝，这是极其困难的。于是，发脾气、摔东西就成为他们表达失望的方式。在这种情况下，父母需要保持冷静。

而有的孩子摔了东西，不过是好心办坏了事。孩子的出发点是好的，不过由于经验不足或能力有限，结果事与愿违。有的孩子见金鱼缸里的水变成污水了，怕金鱼死掉，就把金鱼捞起来包在手帕里，结果金鱼反而死了。若是这样的情况，父母要肯定孩子的想法是好的，接着告诉孩子失败的原因，自己不懂的事情先要请教父母，自己力不能及的要等长大了再去做。

3~5岁的孩子开始接触外界的一切，对于自己遇到的事情，他们都会尝试摸一摸、尝一尝、闻一闻，偶尔也会把东西摔坏，来看看它会产生什么样的反应。假如孩子正处于这样一个阶段，那么可以把家里贵重的东西收好，给孩子一些安全的家用物品，或买些耐摔的玩具。这时父母可以慢慢引导孩子什么东西可以碰，什么东西不可以碰。

实际上，对于喜欢搞破坏的孩子而言，他们的心理是复杂的，有很多种类型，父母需要耐心、有心地去发现，而不应一棍子打死，不能轻易地以责骂来应对孩子的破坏。

❤心理支招

1. 保持宽容心态

父母首先要对孩子有宽容的心态，因为破坏的过程就是孩子学习的过程。不要严厉批评孩子，也千万不要说"不许再把玩具拆了，不然明天不给你买新玩具了"这样警告和威胁的话，有时候父母的批评和警告很可能会扼杀孩子可贵的探索精神。

2. 参与到"破坏"活动中来

父母应尽量地鼓励且参与到孩子"破坏"的过程中，这是一个手、眼都在活动的过程，可以促进他们思维的发展。鼓励孩子适当地进行"破坏"，就是鼓励孩子的创造力，以及对更多事物的探索兴趣。当父母看到孩子把玩具拆了，应蹲下来参与到孩子的活动中，"这里面是什么呢？怎么会动呢？"……引导、帮助孩子一起寻找结果，然后再跟孩子一起把拆开的玩具恢复原样。

3. 引导孩子思考

在日常生活中，父母要多提一些问题让孩子去猜、去想，例如闹钟为什么会响呢？为什么会滴滴答答的呢？假如把闹钟的针取掉了，那么它还会走吗？还会响吗？父母需要做的就是问题提出后，主动带领孩子从"破坏"中寻找答案。

4. 让孩子当修理工

假如孩子好奇地想知道各种现象发生的原因，总想搞清楚不停转动的闹钟里面装了什么，电视里是否真的有个会说话的小孩子。那么当爸爸在修理家中这些东西的时候，不妨让孩子观摩，必要时也可参与到其中。爸爸可以当着孩子的面拆卸家中废弃的东西，没有危险性的部分则让孩子来动手。

5. 让孩子自己收拾残局

假如是孩子无心造成的过失，那么父母可以在孩子力所能及的范围内让他（她）对自己的行为负责。例如杯子打翻了，就让孩子用抹布去擦干桌子；玻璃瓶打破了，就让他（她）帮忙拿来扫帚和簸箕。不要乱加责备孩子，毕竟孩子不是故意的。

6. 与孩子多交流

小孩子通常会有无穷的精力，孩子善于"破坏"的背后很可能隐藏着一颗渴望探索的心。父母应该为孩子提供一个良好的活动空间，尤其是那些独生子女，让孩子多和邻居的小朋友玩耍，平时多参加集体活动。父母要经常与孩子沟通，了解孩子最近有什么烦恼，或孩子有什么需要。

孩子喜欢攀比，父母怎么办

父母的烦恼

晓月在学校里喜欢跟其他小朋友攀比，看到同学新买的芭比娃娃很漂亮，晓月回到家也哭闹着央求妈妈买一件，妈妈没办法带着她去商场选了一件，第二天就拿去向其他同学炫耀。

不久又看到其他同学用了新款手机，回去和妈妈发脾气说："同学的妈妈给他买了个新款手机，很酷很流行，你为什么不给我买一个？"妈妈耐心劝导："不行，那个太贵了，你一个小孩子拿来也没用！"晓月马上开始哭闹："怎么不行？我一年才过一次生日，我就要那个手机！"妈妈失去耐心了："你这孩子怎么回事？不好好学习，就知道买这买那，上一个手机才买了几天啊？"晓月一赌气，转身就跑了。

孩子上了幼儿园之后，接触的小朋友越来越多，有的孩子喜欢攀比，慢慢地自家孩子也会产生一些攀比心理。父母不要觉得自己的孩子变坏了，孩子的一些想法未必就是攀比，父母应慢慢引导，孩子就会正视这种不健康的心态，从而消除这种不健康的心理。

孩子为什么会产生攀比心理呢？

心理学家分析，有的孩子存在追求名牌的心理，这是受社会上高消费风气的影响。随着生活水平的不断提高，越来越多的人开始重视穿着打扮，许多人以新奇时髦、名牌服饰为美，许多广告都在宣扬物质享受，在这样的环境下，孩子自然会产生攀比心理。有的孩子则属于性格较为敏感，当周围的同学吃、穿、用等方面都比自己强，即便自己本身还比较优秀，但还是担心会受到同学们的嘲笑，缺乏自信心，所以想靠一些表面的东西来弥补。

孩子们攀比的内容是各式各样的，可能比谁有好吃的、谁的玩具好玩，也有可能比交际能力。对于那些纯粹提出物质要求的孩子，父母应积极引导，帮助其建立更强大的内心。因为那些不够有力量的孩子，往往不自信，容易因一两件小事情而自卑，希望在攀比中获得自信。

当然，有时候孩子内心不够有力量可能源于父母。有的父母本身很要强或家庭条件一般，担心自己的孩子受欺负，让人看不起，当孩子说同学有什么东西的时候，父母便会迫不及待地给孩子也买一份。即便自己再苦再累也在所不惜，这是导致孩子产生攀比心理的一个重要原因。

❤心理支招

1. 避免采用武断的方法

小孩子的攀比心理比较常见，当孩子提出要求，父母不要大惊小怪，需要耐心了解他们到底在想什么。孩子天真幼稚的天性为攀比提供了心理基础，由于无法理解人的需要和满足是要受一定条件制约的，充满好奇心的孩子往往借助学习模仿对象提出各种要求，例如别人有了什么东西，自己也想要。这时父母切忌对孩子说："不行，不能买，要听话。"武断地制止孩子，会让孩子担心被批评，而越来越不敢说真话，变得谨小慎微，父母就会失去一个了解孩子的机会。

2. 不要因为孩子攀比而否定他

其实，每个人都可能有或多或少的攀比心理，只是成年人可以控制自己的一些情绪。当孩子出现攀比心理时，父母不要轻易否定孩子的本质，否则会让孩子一下子失去信心。既然出了问题，就需要正视这个问题，不要夸大问题。

3. 别对孩子太严格

有的孩子看着别人吃东西自己也想要，看别人穿着漂亮的鞋子自己也想穿，这些都不算是攀比，而是孩子遇到喜欢的东西而已。父母能满足就满足一下，不过这仅限于偶尔的情况，过于频繁的要求是不允许的。

4. 和孩子聊天

父母可以和孩子讲道理，可以通过一些小故事来引导，例如：小熊觉得自己的爸爸不够好，去找别人的爸爸当爸爸，最后才发现原来还是自己的爸爸最好。让孩子理解，别人有的虽然自己没有，但是自己有的别人也没有，任何人都是不一样的，没有必要变成和别人一样。

5. 避免成为爱慕虚荣的父母

孩子的攀比通常是和父母的爱慕虚荣联系在一起的，假如父母表现得非常爱慕虚荣，那么孩子也会容易出现攀比的病态心理。假如父母心态很平和，那么孩子也会受到感染，因此，别常常和别人比较自己的孩子，把孩子当作自己炫耀的资本。

6. 引导孩子将攀比化为动力

实际上，孩子与别人攀比，说明孩子当时的心理有竞争倾向，想达到别人同样的水平或超越别人，假如父母可以抓住这种心理，让孩子在学习、才能、意志力等方面进行攀比，正确引导孩子发奋努力，有助于孩子的心理发展。同时，将攀比转化为动力，让孩子想办法实现自己的需要，以培养孩子的独立性、自主性等良好品质。此外，父母可以引导孩子了解更多的知识，如文学、历史、地理等，一旦孩子关注点转移了，那么他（她）就不会和别人攀比了。

孩子喜欢追星，父母怎么办

父母的烦恼

孩子刚上初一，成绩一直都还不错，她从小就不喜欢去外面和别的孩子一起玩，平时也没有什么特别的兴趣爱好，就喜欢听流行歌曲，父母也觉得这是一个积极健康的兴趣爱好，只要不耽误学习就没有太多干涉。

不过最近孩子迷恋上某位男歌星，让父母很担心。孩子对他的照片、海报、唱片从不放过收藏，有一次还欺骗父母说学校需要买课外辅导书，结果拿了钱去听那位歌星的演唱会。后来老师打电话来询问，父母才知道女儿逃学去听演唱会。父母回去没有当场责备孩子，为了尝试理解孩子，还特意听了听这位男明星的歌曲，结果发现演唱水平很一般。父母实在想不通，孩子为什么会迷恋他呢？

美国著名心理学家马斯洛的需求层次理论认为，在生理、安全、社交、尊重基本满足之后，每个人都会追求自我实现的需求。它对青春期心理成长具有长久性的激励作用，并突出地表现在自主意识以及自主人格的独立发展上。青少年开始思考自己未来的人生，开始对丰富、快乐的生活充满憧憬。但是理想和现实的距离如此遥远，繁重的作业、父母和老师严格的管教都对学生自主意识的独立性给予很大约束，容易形成一种压抑心理。而父母和老师对正处于青春萌动期的中学生情感世界、个性保护、心理应答等方面很少关注到。然而偶像靓丽的外表、个性化的服饰、潇洒的身姿、都市潮流的歌舞使其压抑心理得以抚慰，满足了其自我实现的需要。

正值青春期的孩子，偶像崇拜意识比较浓厚，已经在很大程度上左右着他们的学习、生活等日常行为，甚至涉及孩子的心理发展、品格建立等方面。大多数孩子的追星从11岁开始，到16岁时开始消退，因为这一时期是孩子开始寻找自我认同的时期，他们不再满足于从父母、老师那里得到教诲和知识，开始独立思考，他们渴望自己去选择感兴趣的东西，去实现自我。

孩子对自己真正想要什么并不是很清楚，他们内心深处的困惑源于心中缺乏一个稳定的自我形象。许多孩子试图通过偶像崇拜来弥补自己个性和生活上的缺陷，并通过偶像建构来完善自己的梦想。这些孩子模仿明星的服饰、爱好，有时想象自己也是一个明星，以此获得满足感。因为有一群人都喜欢某个明星，而获得彼此认同、价值与归属感，保持了心理上的某种平衡，精神上得到满足。

尽管孩子通过追星使自己内心获得满足，但过分迷恋远离现实的人格形象和生活方式会产生一定的负面效应。孩子沉迷于追星不但会花费过多金钱，而且占据大部分学习、锻炼等活动的时间与精力，严重影响了正常的学习和生活。

❤心理支招

1. 引导孩子正确认识偶像

父母可以引导孩子分析所崇拜的偶像，淡化神秘感，给予客观的评价。从某种程度上说，明星推动了精神文明进步，同时获得了社会地位和经济利益。不过，有些偶像的极端个人主义、一些消极的生活情绪等缺陷，也带来了社会负面效应。父母可以淡化孩子对偶像的神秘感，引导孩子认识那些为社会做出无私奉献、维系社会和谐的偶像，让孩子意识到偶像就在自己身边。

2. 培养孩子的兴趣爱好

丰富孩子的课余活动，汲取各方面的营养，通过比较接触的各种人和事，学会分辨真正有价值的东西。许多父母觉得孩子待在家里就比较乖巧和听话，实际上有的孩子知识面狭窄，反而容易陷入追星热潮。父母可以利用节假日向孩子推荐有益的图书，启迪自我教育，引导青春期偶像心理的正确形成。

3. 理解孩子的追星行为

父母以尊重、信任的态度与孩子进行心灵交流，让孩子可以敞开心扉、畅所欲言，才能了解孩子心里所想，才能有针对性地引导孩子对偶像进行正确理解。父母可以采用亲子日记的形式，让孩子大胆说出自己心中所想。而对孩子流露出的偶像崇拜的盲目性，父母既要把握心理方向，又要尽可能避免摆出一种居高临下的父母姿态。

第 3 章

儿童情绪心理学：
正确理解和引导孩子的情绪

正性情绪与负性情绪在个体心理结构中处于动态平衡之中，就像一枚硬币的正反面一样，缺一不可。与成年人一样，当孩子遇到烦恼或不如意时的表现会各不相同：有的会郁郁寡欢，有的会怒不可遏，有的会无理取闹。实际上这些都是很正常的，作为父母应该接纳孩子的负面情绪，因为这是孩子的一种正常表达方式。

霍桑效应——允许孩子宣泄不良情绪

父母的烦恼

小乐感冒还没有痊愈就想吃冰淇淋,妈妈不同意,小乐生气地挥着小拳头打妈妈,边打边嚷嚷:"我就要冰淇淋,就要冰淇淋,你为什么不给我,你是坏妈妈,你是坏妈妈。"看见小乐这样的表现,妈妈很无奈。

小乐是个内向的小姑娘,她不喜欢说话,一遇上不高兴的事情,就狠狠地咬自己的手,或使劲抓扯自己的头发。看着孩子这样,妈妈心疼极了。

社会心理学中的"霍桑效应"也就是所谓的"宣泄效应"。霍桑工厂是美国西部某电器公司的一家分厂,为了提高工作效率,该厂请来包括心理学家在内的各种专家,在约两年的时间内找工人谈话两万余次,耐心听取工人对管理的意见和抱怨,让他们尽情地宣泄出来。结果,该厂的工作效率大大提高,而这种奇妙的现象就被称作"霍桑效应"。

心理学家认为,每个人都应当学会发泄情绪,特别是孩子,他们心理承受能力差,也不会用大道理来帮自己释怀,要他们能很快调整心态,做到豁然开朗似乎比较苛求。最直接的方法就是将情绪发泄出来,这对他们的身心都有好处。

每个孩子都会有一定的情绪状态,如恐惧、喜悦、悲哀、愤怒等。与成年人能够有理智地控制情绪不同,孩子的自我控制能力较弱,有了负面的情绪就会马上发泄出来。由于孩子年纪还小,缺乏与人交往、沟通的经验,又无法认识到自己产生的情绪。所以在出现负面情绪时不知道如何表达,只好用自己的方法发泄情绪。当然,如果缺少父母的引导,孩子宣泄情绪的方式是很不恰当的,他们会哭闹、攻击他人、伤害自己等。不过,即便孩子发泄情绪的方式有些过激,父母也应给予充分理解,所需要做的不是阻止他们，更不是生气或使用暴力，而是让他们懂得如何发泄自己的情绪。当孩子情绪平复后，你会发现他比以前更懂事了，还会为自己的过激行为感到惭愧，并对父母的宽容心存感激。

孩子慢慢长大，心里想的东西越来越多，那种"给块糖就不哭"的日子早已过去了。他们开始用心感受世界，寻找自己的朋友，开始将自己的内心封闭起来而只装入某些小秘密。有时，他们忽然觉得自己充满了矛盾和困惑，内心烦躁不安，想与人大吵一架。孩子的心理是脆弱的，各种压力使处于天真烂漫年龄段的他们感到无所适从，假如他们总把学习、生活或人际交往中遇到的所有不良情绪郁积在心里，时间长了，难免有一天会做出一些不可收拾的事情，还可能造成心理障碍。

❤心理支招

1. 随时观察孩子的情绪

父母需要有一双敏锐的眼睛，可以随时洞察孩子的情绪变化。当发现孩子情绪低落或反常的时候，引导他们找一种合理的发泄方式，试着与孩子进行贴心的交流和疏导。或带孩子到野外登山或进行激烈的体育活动，让其情绪得以释放；或兑现一件孩子期待很久的承诺，以满足其平时的不平衡心理。这时你会发现因自己的理解而拉近了与孩子之间的距离，你们彼此之间相处会更和睦、更愉快。

2. 避免粗暴对待

性格粗暴的父母在看到孩子有不良宣泄时，就忍不住暴跳如雷，用简单、粗暴的方式直接压制，遏制孩子的发泄。这样的方法表面看起来效果明显，但实际上孩子是出于害怕才停止宣泄的，原来的不良情绪没有得到缓解，又多了被粗暴压制的痛苦，很容易出现情绪问题。长时间这样，孩子内心郁积的情绪问题越来越多，性格会变得抑郁沮丧，终有一天会爆发。

3. 避免轻易向孩子妥协

孩子的不良发泄有时是因为提出的要求没有得到满足，一些父母出于对孩子的疼爱或觉得烦躁，见到孩子哭闹就马上无条件"投降"，满足其所有要求。这样做的结果是让孩子产生误解，认为只要哭闹就会迫使父母就范，于是每当有不被允许的要求，就会哭闹、撒娇。

4. 培养孩子的多方面兴趣

培养孩子多方面的兴趣，鼓励他们积极主动地投入各种活动，广泛地与他人尤其是同龄孩子交往，是让孩子学会积极地宣泄情绪的有效方法之一。尤其是孩子出现不良情绪时，父母不能长时间让孩子沉浸在消极情绪中，而应引导孩子学会转移关注的方式消除不良情绪，让孩子真正懂得在遇到挫折或冲突时，不能将自己的思想陷入引起冲突或挫折的情绪之中，而应尽快地摆脱这种情境，投入到自己感兴趣的其他活动中去。

5. 允许孩子向"自己"宣泄情绪

孩子在遭遇冲突或挫折时，往往会将事由或心中的不满感受告诉父母，以寻求同情和安慰。孩子经常喜欢"告状"，这是以寻求支持的方式应付心理压力的策略。父母应该予以理解，这不仅体现了孩子对父母的信任，同时也是孩子消除心理郁积的常用方式。

6. 设置"冲突"情境，给予"补偿"教育

父母对于孩子表达的情绪体验、感受，不应妄加批评或评论，而应通过设置"冲突情境"教会孩子表述自己的感受，讨论和商量出合理的解决办法。在"冲突情境"出现后要让孩子自己进行评论，学会寻找解决矛盾、让冲突双方都满意的策略，让孩子通过讨论，自觉地按照合理的方式宣泄不良情绪。

习得性无助心理——允许孩子犯错

父母的烦恼

赵妈妈抱怨，儿子每天小错不断，大错隔三岔五，每天在家里搞破

坏。例如，早上起来孩子把卷筒纸缠在身上做飘带，上学路上把文具盒拆得七零八落，幼儿园老师反映他把洗手池的水龙头堵了，想看看水还可以从哪里冒出来……

电视机的遥控器一个月坏了两次，却推卸责任说妈妈买的遥控器不结实；鱼缸里的小鱼儿一天天减少，小家伙捉出来玩耍，结果小鱼儿长时间离开水就死了；饭后主动端碗，却摔破了碗，结果还跟妈妈撒娇"我真的不是有意的"，最后惊讶地说："妈妈，原来这个碗真不能摔啊，你以前说我还不信。"对于孩子幼稚且故意犯下的错误，妈妈十分生气，训斥过几次，不过没什么效果，还变本加厉地故意作对，这让妈妈很头疼。

习得性无助心理，指的是因为重复的失败或惩罚而造成的听任摆布的行为。孩子天生就是积极的，喜欢尝试的。只要他（她）一睁开眼睛，就尝试着到处看；当他（她）能控制自己的动作时，就喜欢到处爬。自然，由于许多事情都是第一次，难免会出错。假如孩子的每一次尝试父母都报以严厉呵斥"不准"或大惊小怪地惊呼"危险"，他（她）就好像被电击一样，时间长了，他（她）对自己所做的事情变得不那么自信了，因为他不知道自己做完之后父母是否又会大声说"不"。最后，他会如父母所愿变成一个乖孩子，不过也会把"自卑"的种子深深地根植于心中。

心理学家告诫父母们：不要努力培养"不会犯错的孩子"。当父母在教导孩子时，亦步亦趋地紧盯着孩子，要求孩子不犯错误，只要孩子错一点点，就着急叮嘱与矫正，担心孩子做错事。不过，父母应该考虑，这样真的是教育孩子最好的方式吗？小时候不让孩子去尝试，等到长大后又抱怨孩子很被动，没人教他就不会动；小时候不让孩子"失败"，等到长大后却又抱怨孩子怕"挫折"，遇到一点小事就放弃。

对孩子而言，没有比拥有一个"完美"的童年更糟糕的事情了。法国教育家福禄贝尔曾说："推动摇篮的手就是推动地球的手。"作为父母，智商并不是第一位的，不过智慧一定是最关键的。孩子犯错并不可怕，可怕的是父母对待孩子犯错的方式。父母不当的管教方式，不仅不能让孩子认识到错误的本质、体验到犯错的后果，反而让孩子身心受到更大的伤害,甚至会让孩子走向父母期望的另外一个极端。

孩子衡量自己的唯一途径是观察父母的反应,父母应传递给孩子的信息是:只要尽最大努力就够了,错误是学习和成长中很自然的一部分。通过犯错误,让孩子学习到什么是对的、什么对自己最好。当孩子得到明确的信息,明白犯错误没关系,那些不良反应就可以避免。所以,父母应允许孩子犯错误,且视错误为学习的过程,让孩子有机会得到充分的发展。

孩子天生就是纯真而美好的,他们带着自己独特的命运来到这个世界。作为父母,最重要的任务是识别、尊重并培养孩子自然而独特的成长过程,有责任明智地支持孩子,帮助他们发展自己的天赋和优点。父母需要意识到,没有哪个孩子是完美的,所有的孩子都会犯错误,这是不可避免的。

❤心理支招

1. 鼓励孩子大胆尝试

孩子就像一个天生的"科学家",凡事都要亲身去尝试,才会愿意相信这是事实。即便父母对他(她)说:"这个杯子很烫。"假如杯口没有冒热气,孩子总要摸一下才愿意相信。尽管这在父母看来是调皮,不过也就是因为这样的"天真"与"执着",让孩子与父母有着截然不同的想法。允许孩子犯错,实际上就是鼓励孩子不怕失败、敢于尝试。

2. 重视孩子的天性与特长

当父母把所有的精力放在关注孩子"不会犯错",却忽略了孩子的天性与特性,这样的努力到头来可能是一场空,且会让孩子感到精疲力竭。孩子的成功值得表扬,不过"失败"也不是一件错事,最重要的是孩子喜欢"探索"与"尝试"。父母应重视孩子的天性与特性,鼓励孩子在尝试中成长。

3. 不要把"不可以"挂在嘴边

婴儿在跌跌撞撞中学会了走路,那是因为不怕跌倒,才可以走得很好。父母不要总是把"不可以"挂在嘴边,这不是在保护孩子,反而是在限制孩子的发展。相反，可以告诉孩子"可以怎么做"，给孩子一些练习的时间，不要期望一次就可以让孩子好好配合，毕竟孩子需要练习才会熟练。

4.鼓励孩子承认错误

假如孩子真的犯错了，父母需要耐心教导，鼓励孩子承认错误。让孩子明白，犯错是一件很平常的事情，每个人都会犯错，只要勇于改正就是好孩子。在这个过程中，父母要有足够的耐心，否则就会让孩子害怕受到惩罚，这样反而会让孩子学会隐瞒自己的错误。在他们看来，与其面对惩罚，还不如隐瞒所做的事情并希望不被发现。

5.别给孩子乱贴"标签"

当孩子犯错的时候，父母无论多么生气、多么恼火，一定要努力克制住情绪，不要乱贴"标签"，如"坏孩子""惹祸精"等。等到父母和孩子都心平气和的时候，不用命令的语气，而是用建议的方式与孩子沟通他（她）的错误，这样父母会更深刻地了解孩子犯错的心理活动，借此可以引导孩子认识世界，引领孩子健康成长。

飞镖效应——叛逆的孩子需要爱

父母的烦恼

阿东平时不愿意与父母交流沟通，处处与父母对立，不是频繁地发脾气、与父母争吵，就是乱扔衣服、不写作业，有时还会逃学、夜不归宿。在父母面前，听不了父母的两句话，阿东就会摔门而去，或者说："得了，得了，我什么都懂，一天到晚数落什么！"在学校与同学关系也不和睦，说话总是尖酸刻薄。老师教育他，嘴皮都说破了，他依然不为所动。

父母为此都十分发愁，不知道该怎么办。

对于叛逆的孩子，需要巧用飞镖效应。社会心理学上，把行为举措产生的结果与预期目标完全相反的现象，称为"飞镖效应"，就好比用力把飞镖往一个方向掷，结果它却飞向了相反的方向。这个心理效应给人的启示是，对孩子而言，他们的自我意识逐渐增强，要求独立的愿望日趋增强，父母宜化堵为疏，避开其逆反心理。同时，孩子的思维能力在不断提高，通过进行平等的良好沟通，才能收到很好的教育效果。

许多父母经常抱怨孩子越来越不听话了，整天不想回家，不愿意与父母说心里话，做事比较任性。孩子却说，父母一天到晚唠唠叨叨，规定这不许、那不准，真是讨厌。显然，父母与孩子在对着干。

心理学研究认为，进入逆反期的孩子独立活动的愿望变得越来越强烈，他们觉得自己已经不是小孩子了。他们的心理会呈现出矛盾：一方面想摆脱父母，自作主张；另一方面又必须依赖家庭。这个时期的孩子，由于缺乏生活经验，不恰当地理解自尊，强烈要求别人把他们看作成年人。假如这时父母还把他们当成小孩子来看待，对其进行无微不至的关怀，唠叨、啰唆，那么孩子就会感到厌烦，感觉自尊心受到了伤害，从而萌发出对立的情绪。假如父母在同伴和异性面前管教他们，其逆反心理会更强烈，这时父母要巧妙运用"飞镖效应"。

❤心理支招

1. 正确"爱"孩子

父母应该意识到，对孩子过分的溺爱，实际上是害了孩子。父母应对孩子既要爱护又要严格要求。对孩子不合理的要求，不能无原则地迁就。假如孩子的企图第一次得逞，之后就会习惯由着自己的性子来，到时候父母想管教亦无能为力。当孩子生气时，父母应避免大声斥责。这时可以让孩子做一些能吸引他的事情，稳定其情绪，转移其注意力。等到孩子情绪稳定之后，再耐心地教育他（她）。

2. 采用温暖方式

父母不能因为孩子是自己的，就可以想打就打，想骂就骂，觉得这好像是很正常的。其实这样的教育方式恰恰错了，效果会适得其反。父母可以换个角度思考，站在孩子的立场教育孩子，处理突发事件。父母应以情感人，以理服人，毕竟孩子一时半会儿想不通，需要留给他们一些思考的时间。

3. 冷静面对孩子的逆反心理

通常孩子不太懂得控制自己，当他（她）对父母的管教不服气时，可能情绪会比较激动，可能向父母发脾气，可能会有过激的言语和行为，这时父母千万不要跟着孩子一起着急，要想办法控制孩子的情绪，可以把事情暂时放一放。即便孩子顶嘴，父母再生气也要保持冷静，控制住自己的情绪，不能一看到孩子顶嘴就火冒三丈，甚至打骂孩子。因为这样做不仅无助于问题的解决，反而会使双方的情绪更加对立，孩子会更加不服气，父母会更生气，这样只会激化矛盾，不利于任何问题的解决。

4. 与孩子亲切聊天

当孩子有了逆反的苗头时，要与孩子进行一次亲切的聊天，明确告诉他（她）逆反是一种消极的情绪状态，父母、老师、同学都不喜欢，会影响自己的人际交往；长时间下去，他（她）会变得蛮横无理、胡作非为，不利于自己身心和谐、正常发展。父母可以对孩子表达，做父母的有多么担心和顾虑，让他（她）感受到自己的逆反给身边的人造成的感情负担。

5. 父母教育思想要保持一致

面对孩子的教育问题，父母要保持一致的思想。不能父亲这样说，母亲又那样说；父亲在严厉地教育孩子，母亲却在一边保护。出现教育问题时，父母可以先商量一下策略，口径一致后再与孩子进行交流。

6. 掌握批评的分寸

不讲方法、不分场合地批评孩子，孩子犯了一个错误时就把他（她）过去的种种错误全都翻出来，随意地贬低和挖苦孩子，教育孩子时连同他（她）的人格一起进行批判，这些是很多父母的通病，也容易引起孩子的逆反。要减少孩子的对立情绪，父母不能滥用批判，批评孩子前要先弄清事情的原委，分清场合，更不要贬低孩子，批评孩子时要考虑孩子的情绪。而且，好孩子都是夸出来的，对孩子要多些表扬、少些责怪，经常想想孩子的长处，关注孩子的点滴进步，寻找孩子身上的闪光点。这样一来，孩子平时受到的表扬和鼓励多了，犯错误时也容易接受父母的批评。

7. 尊重孩子的独立要求

有的父母出于对孩子的关心，一心一意想让孩子在自己的庇护下长大成人，而孩子逐渐开始有强烈的独立自主要求，对于父母施加的想法和观念十分不满，从而出现逆反心理，容易与父母发生冲突。对于孩子的合理意见，父母要尊重，不要对孩子发号施令，以免让孩子产生抵触情绪，对孩子尽可能用商量的口吻——"我认为""我希望"，以此改善与孩子的关系，减少孩子的逆反心理。

8. 倾听孩子的想法

父母要善于倾听，让家里时时刻刻都有一种"倾听的气氛"。这样孩子一旦遇到重要事情，就会来找父母商量。父母需要抽出时间陪伴孩子，例如利用共进晚餐的机会，留心听孩子说话，让孩子觉得自己备受重视。父母需要做的是顾问、朋友，而不是长者，只是细心倾听、协助抉择，而不插手干预，仅仅是提出建议。

心理疲劳——别让孩子的心太累

父母的烦恼

最近孩子写了一篇日记《我最喜欢生病》："我喜欢生病，我最期盼的就是生病。因为生病了，一家人都会把我当公主，我可以为所欲为，也没人责备我。"平时，孩子放学一进家门就跟我说："妈妈，我今天好累呀，能不能少写点作业，少做些题？"孩子真是累了，从进门开始就是一副无精打采的样子，我问孩子："怎么了？"孩子喘着气说："每天作业太多了，我放学一回家就开始写、写、写……"

上周末我打算带孩子去学小提琴，结果快到老师门口了，孩子小声央求我说："妈妈，求你别让我学小提琴了，星期天我已经上了三门课了，我要累死了！"看着孩子乞求的眼神和失去了快乐的笑脸，我的心不由隐隐作痛。

很显然，孩子产生了心理疲劳效应。望子成龙是很多父母的夙愿，不过美好的夙愿却由于不恰当的教育方法而让这些孩子成为了"疲惫的一代"。许多父母希望在孩子身上实现自己的梦想，有的父母注重孩子的学习成绩，给孩子实施题海战术；有的父母注重孩子的才艺培养，让孩子参加各种兴趣培训班。这些父母就像是拔苗助长的农民，急切地拔高苗子，却不在乎身心疲惫的孩子。

孩子产生心理疲劳的主要原因就是精神紧张和学习过量。许多孩子担心父母失望，加上学习压力大，由此导致心理的紧张与疲劳。孩子正处于心理和身体的发育时期，过小的年龄担负不了太大的压力，长时间让孩子超负荷运转，会让孩子减少欢乐，增添疲劳与紧张，容易产生缺乏信心、没有热情、考试焦虑等心理问题，对孩子健康人格的形成和良好品行的养成都有极大的负面影响。

今天的孩子在物质上可以得到满足，不过他们也仅仅有物质上的满足。父母与孩子很少会有心灵的融会与沟通，孩子承载了父母太多的希望。"不让孩子输在起跑线上"成为了许多父母的口头禅，从孩子呱呱坠地时就定下了考大学的目标，于是让婴儿学识字，让牙牙学语的孩子学英语。辅导班、特长班让孩子应接不暇，结果孩子的书包越背越重，眼镜片越来越厚，孩子长时间不堪重负，使得他们脸上很难有属于自己童年的纯真的笑容。

父母无暇顾及孩子、忙于工作、日复一日地抱怨"心太累"的时候，这样的成人病已经传染到孩子身上。请别让孩子"心太累",当孩子有这样一些表现时,就有可能是产生了心理疲劳:不喜欢上学,不愿见老师,有的甚至一到上课时间就喊肚子疼;不愿做作业,一提作业就烦躁,一看书就犯困,不愿翻书本;即便在没有外界干扰的情况下,注意力也不能集中,有的孩子尽管手里拿着书,却始终看不进去;不愿意让父母过问学习的事情,对父母的询问保持沉默,或情绪极度烦躁;上课时常常打不起精神,课外反而非常活跃,常常是"玩不够"。

❤心理支招

1. 成长比成绩更重要

很多时候,父母要降低期望值,帮孩子减压,而不要火上浇油。例如,孩子没有考好,父母可以安慰:"没关系,好好学习吧,下次好好考。"即便孩子再次发挥失常,父母也可以鼓励:"没关系,这样你就知道自己的不足在哪里了。"父母应该有这样的观念:成长比成绩更重要,一次考试只是孩子人生长跑中的一个阶段,一次没考好还有下次。父母需要告诉孩子,尽力即可,不要刻意给孩子定下目标。

2. 主动走进孩子的生活

对于那些已经有心理疲惫现象的孩子,父母要主动走进他(她)的生活,和他(她)多交流,给孩子一个宽松的环境。父母要多给孩子运动和娱乐时间,给孩子找个压力宣泄口,引导孩子以平常心看待考试,用积极的心态应对学习过程中的各种挫折。

3. 给孩子在心理上减压

父母要根据孩子的实际情况,帮孩子明确和分解阶段性的奋斗目标,用不断取得的小成绩激励孩子,保持孩子的自信心,让孩子在愉快的情境中消除身心的疲劳感。

4. 培养孩子的学习兴趣

父母可以调动孩子本来就旺盛的求知欲,让孩子感受到学习知识是一件快乐的事情。引导孩子带着愉快的心情去学习,即便学习内容多、难度较大，孩子也不容易感到疲劳。

　　5.增加孩子休息和玩耍的时间

　　学要痛痛快快地学，玩要痛痛快快地玩，这句话是对学习和生活的最好诠释。不管是孩子还是父母，只有玩好了，休息好了，心理疲劳才会消失。情绪好了，精神饱满了，再反过来学习，才能高度集中注意力，使学习取得最好的效果。

自我肯定感——允许孩子适度撒娇

父母的烦恼

　　昨天半夜的时候，我和孩子爸爸刚刚睡下去，就听到5岁的女儿喊："妈妈，妈妈，我要去厕所。"我对宝贝说："你自己去吧，来妈妈这里拿手电筒。"女儿直嚷着："我不去，我害怕，我要妈妈陪着我去。"我耐心劝导："宝贝，你自己去吧，我们先不睡觉，在床上看着你，直到你回来，好吗？"但是，不管我怎么说，她就是不肯去，在床上哼哼唧唧的。顿时，我觉得自己火气上顶，不耐烦地说："要去就自己去，不然就自己尿在床上。"女儿听后哇哇地大哭起来。

　　我越来越生气，把孩子训斥了一通。尽管我潜意识里觉得自己不应该发火，但就是控制不住自己，总觉得孩子都那么大了，也太娇气了，自己上个厕所都不肯。她总是跟我说怕鬼怕坏人，我也无数次告诉她这世界上是没有鬼的，所有鬼故事都是我们人类自己编造的。而坏人嘛，家里的门一直锁得死死的，坏人哪有那么容易就进来了，而且爸爸妈妈都在家里，干吗什么事都需要爸爸妈妈陪伴呢？

　　平时生活中，我们对于"小皇帝"的报道听得很多，对于娇生惯养的危害也印象颇深。因此，许多父母会有这样的认识：不能娇惯孩子。这本来是一种良好的教育方式。娇生惯养，纵容孩子一些不合理的倾向、习惯，对孩子的成长是极为不利的，例如不节制地吃零食、看电视、买玩具、玩游戏等。假如孩子的行为没有被约束，那么恐怕他们会无节制地追求，就好像有的成年人迷恋金钱、名誉、权力一样。

日本教育家明桥大二曾提出，父母应在孩子童年时期培养其自我肯定感，让孩子撒娇，促使其形成独立的人格。自我肯定感是孩子心灵成长的根基，3岁之前是培养孩子自我肯定感的最佳时期。然而，许多父母只关注孩子的身体健康和学习，忽视了孩子的心理健康。自我肯定感，是让孩子意识到"我是有存在价值的，是被别人需要的，做我自己就可以"。一旦孩子有了自我肯定感，就会有学习欲望，才能促使其提高素养，形成良好习惯。假如缺乏自我肯定感，孩子会认为自己活得没有价值，反而容易丧失努力学习和提高素养的欲望。

不过，父母很容易矫枉过正。在不知不觉间，连对孩子正常的愿望、欲望也限制了，连孩子正常的心理需求也视为娇气。父母开始对孩子有比较高的要求，希望孩子可以早点坚强、自立、成熟。孩子在成长过程中是慢慢长大的，例如他们小时候怕狗、怕猫，恐惧心理是莫名的，不是想不害怕就可以做到的，与意志无关，也不是娇气的问题，作为父母需要适时满足孩子内心的自我肯定感。

❤心理支招

1. 多拥抱孩子

怎样培养孩子的自我肯定感呢？明桥大二认为，父母要多拥抱孩子，仔细聆听孩子的倾诉，让孩子感受到父母对自己的重视。当然，在婴幼儿阶段，多给孩子换尿布、喂母乳等也是培养孩子自我肯定感的有效方式。

2. 10岁以前的孩子允许其撒娇

让孩子撒娇，有利于培养孩子的自我肯定感。孩子10岁以前要允许其撒娇，让孩子获得依赖感和安全感。有依赖感和安全感的孩子才有意愿向往独立。父母不能拒绝孩子的撒娇,也就是不能无视或放任不管,以及过度干涉孩子。

3. 允许孩子合乎情理地撒娇

父母要学会区分孩子的撒娇哪些是合乎情理的,哪些是不合乎情理的。例如孩子生病、身体不舒服时,就比较容易撒娇;婴儿每天午后和晚上要睡觉时会撒娇;外界扰乱了孩子的生活习惯,就可能导致孩子吵闹、撒娇;孩子到了一个陌生的环境,因为不熟悉环境而产生心理不愉快也会撒娇;当孩子情绪低落、心情不舒畅时也容易撒娇……这些父母都应该予以理解、原谅。

4. 允许孩子撒娇而非娇惯孩子

允许孩子撒娇和娇惯孩子是两个概念,允许孩子撒娇,更多的是理解和适度满足孩子的正常心理需求。孩子本来就是孩子,丝毫不娇气就不正常了。而娇惯孩子更多是无节制地满足孩子的欲望,纵容孩子过分的表现。让孩子撒娇与娇惯孩子不同,前者是满足孩子情感上的需求,对孩子依靠自身能力可以做到的事要尽量放手;后者是满足物质上的需求,对孩子的事大包大揽。允许孩子撒娇,他(她)并没有被"惯"得娇气,孩子自身的生命力和自立能力是茁壮的,会自然地萌发出来。

情绪宣泄心理——理解孩子的负面情绪

父母的烦恼

学校即将有一场重要的足球比赛,小东很高兴,走路时都会蹦蹦跳跳,他希望自己能在这场比赛中好好表现一下。不料就在这时,小东因激动地蹦跳而一下子扭伤了脚。小东顿时沮丧起来,难过到了极点,他生气地用自己的拳头砸向墙壁。

放学后,小东失落地回到家,父母看到他脚扭伤了,就赶紧问:"怎么了,踢球时扭伤脚了吧?"小东一听到"踢球"二字,立刻生气了,冲进了屋子。父母吓了一跳,听到小东在屋里还大叫了几声。

父母总会对孩子说:"别这样,你这孩子怎么这么不懂事呢?"实际上,父母这样的表达就否定了孩子的不良情绪。孩子会觉得自己不应该有这样的情绪,而应该像机器一样,始终保持良好的情绪状态。如此不仅不会让孩子的负面情绪得以宣泄,而且会促使孩子的压抑和自我否定。孩子会先认同父母的说法,压抑自己的情绪,时间长了连自己都意识不到自己还有负面情绪。这样的教育方式往往会导致孩子发展出一些心理问题、心理障碍。

而有的父母在面对孩子发脾气时,则表示"没什么大不了的,有爸爸妈妈在,什么都会帮你解决"。他们希望通过这种方式来宽慰孩子,想要帮孩子减轻思想负担,但结果将适得其反。这些父母教育方式的问题并不在于没有爱,而是爱的方式出了问题,父母过分地在思想上控制孩子,以爱的名义剥夺孩子自由思想的空间。

❤心理支招

1. 对孩子的负面情绪,宜"疏"不宜"堵"

孩子年龄越小越容易由于生理性需求未达到满足而引起惧怕,引发其负面情绪。一旦出现这样的情况,父母要切记,负面情绪宜"疏"不宜"堵"。哭闹是孩子发泄情绪的本能,假如发作前期不能控制住,不妨让孩子先宣泄一下情绪。父母要保持冷静的心态,等孩子情绪稳定后再用简单的语言解释,用轻松的语气告诉孩子不要着急,以此缓解孩子的负面情绪。

2. 了解孩子沉默的原因

孩子不善于用语言表达情绪,沉默是孩子情绪表达的一种方式。孩子开始沉默,就表示他(她)的情绪有波动了,父母要用心观察,别让孩子被负面情绪所困扰。父母不要因为工作忙碌而忽略这个细节，及时给予孩子关注和引导，就可以让孩子远离负面情绪，重新平静、快乐地生活。

3. 允许孩子哭泣

假如孩子因为伤痛而哭泣，父母不要责备孩子，不要对孩子说"做人要勇敢，不能哭"之类的话。孩子哭泣了，这表示他（她）的情感正处于最脆弱、最需要安慰的时刻，这时父母要允许孩子哭泣。与成年人相比，孩子行为的目的性更强，他（她）向人哭诉，是希望有人给予自己真正的帮助，急切地想寻求解决问题的方法，并不只是想获得心理上的安慰。父母应给予孩子及时的帮助，让孩子顺利地渡过难关。

4. 允许孩子发脾气

当孩子用大喊大叫、哭闹等方式来宣泄情绪时，父母别生气，也别担心，更别在这时训斥、制止他，让他好好发泄一下，等平静下来之后再与孩子谈心，会达到更好的效果。小男孩体内的睾丸素让他们在受到刺激时，比成年人更愤怒，更需要发泄。

5. 理解孩子的负面情绪

父母一定要学会理解、接纳、保护、疏导孩子的负面情绪。因为孩子出现负面情绪是很正常的事情，他们感到惧怕才会知道注意安全，感到愧疚才会知道有些事情是不对的，感到难过才会理解别人的悲伤。所以，父母不要总是否定孩子正常的情绪表达，也不要过分压制孩子的表达。

6. 保持积极的亲子沟通

父母在与孩子相处时，一定要学会耐心地倾听，在孩子出现负面情绪时，让沟通起到引导作用。那些能闹、能说、释放自己天性的孩子才是心理健康的孩子，所以，父母与孩子之间的积极沟通可以让孩子有地方说心里话、有地方释放情绪和压力，让家庭成为孩子有话可说、能说真话的空间。父母不要压抑孩子的真实想法，不否定孩子正常的情绪表现，这样培养出来的孩子才会更健康。

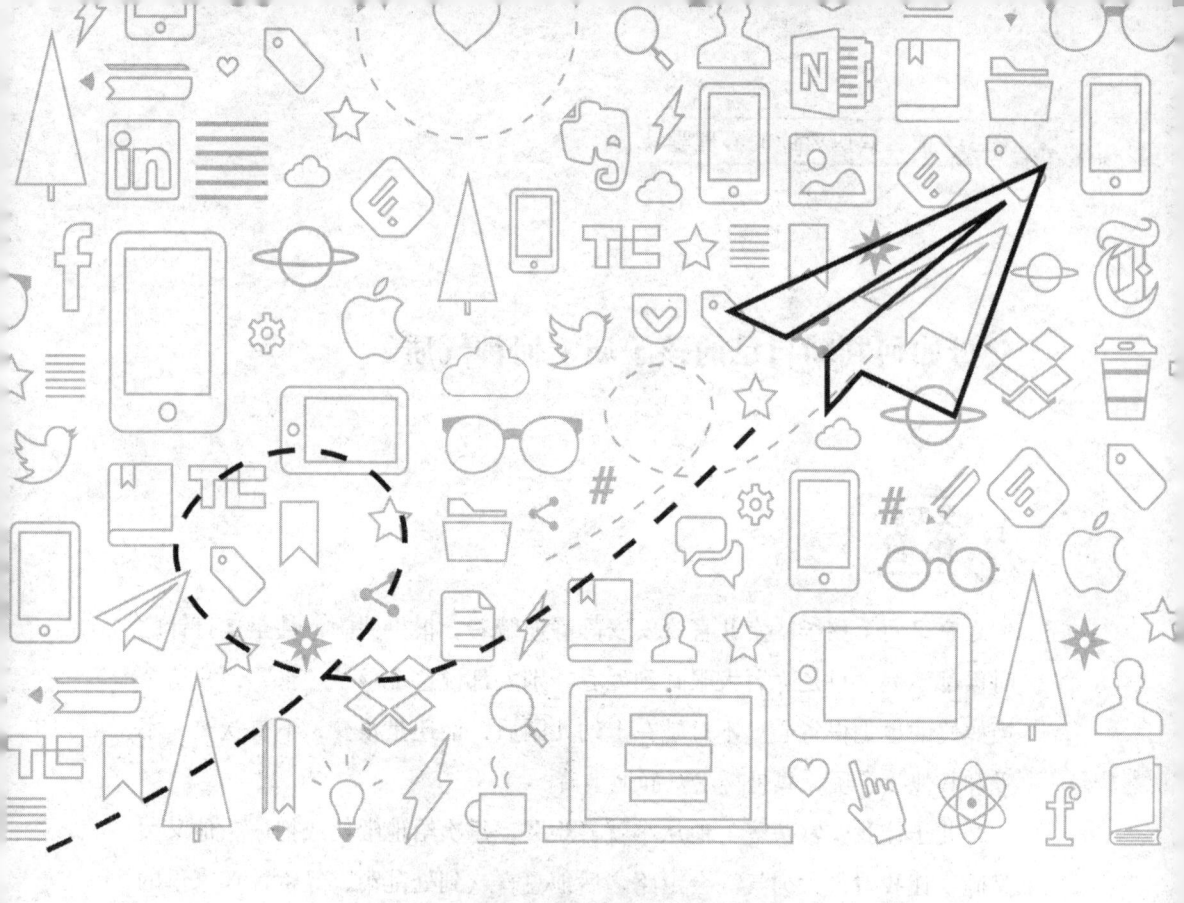

第 4 章

儿童气质心理学：
遵循孩子的气质特点进行教育

儿童气质包括许多方面的内容，教育专家认为：气质是孩子对环境刺激做出应答的行为方式。孩子气质特征与遗传有一定关系，且相对稳定，每个孩子从婴儿时期就有自己的气质表现：有的爱哭、好动、不认生，有的则比较温顺、安静、害羞。实际上，孩子天生的气质需要后天打造，作为父母要深谙儿童气质心理学。

父母如何判断自己的孩子属于何种气质

父母的烦恼

家里两个孩子，女儿喜欢安安静静地躺着，很少哭闹，甚至连打针的时候都不哭，只是睁着大眼睛到处看，别人都说这个孩子"乖"，我这个当妈妈的也觉得省心。不过她在上幼儿园后，话还是很少，不喜欢笑，不爱和其他孩子玩，只是喜欢安静地坐着。

儿子让我非常头疼，他从小就喜欢哭，每次给他喂奶或把尿，他又哭又闹，让我费很大力气。会走路之后他总喜欢到处乱窜，经常摔坏家里的东西。现在刚上幼儿园两个月，就因为上课调皮捣乱、跟小朋友打架而被老师批评了好几次。

女儿和儿子的表现尽管不同，不过他们的行为本身都并非"不正常"或者"不乖"，孩子的行为是由其本身的气质决定的。气质是孩子的心理行为表现，也就是他（她）在日常生活中对不同情形的行为反应方式，类似于一些父母理解的"性格""脾气"。当然，气质是与生俱来的，每个孩子都有自己独特的气质，且在其成长过程中慢慢呈现。例如，有的孩子特别爱哭，有的孩子生活规律性较差，等等，不同孩子表现出各自不同的气质特点。

在过去许多父母很少会去了解孩子的气质，不过目前的研究已深入到对半岁内的孩子进行气质分类。以前的心理学强调父母对孩子的养育方式会影响孩子的成长，现在则比较注重互动关系中双方的作用，特别是注意到过去长时间忽视的孩子在互动关系中的主体性，在孩子气质中就强调"双向原则"。父母有自己的教育观念和方法，相反，孩子的反应又决定父母采取的方式。

就好像孩子没有办法挑选自己的父母一样，父母也没有办法挑选自己的孩子，因此不论孩子是胆汁质、抑郁质，还是多血质、黏液质，父母都要学会真心地接受他们。而在这个接受的过程中，父母需要了解自己的孩子，包括孩子的身高、体重、胸围、头围等生理特征，包括对其是内向还是外向、是活泼还是文静、是敏感还是迟钝等心理特征的了解。

❤心理支招

1. 孩子的气质没有好坏之分

孩子任何类型的气质都有其积极一面，同时也有消极的一面。例如，胆汁质的孩子活泼好动，但是容易发脾气，缺少忍耐力；多血质的孩子活泼、亲切，但是可能轻率、冲动；黏液质的孩子很安静、稳重，但是可能稍微有一些迟钝；抑郁质的孩子感情稳定，却又表现得羞怯、孤僻。

实际上气质是没有好坏、优劣之分的，发现自己孩子的独特气质，真心接受孩子的气质，并针对孩子的气质予以相应的照顾，而不在气质上把自己孩子与其他孩子进行盲目比较，这是父母需要重视的问题。心理学家认为，孩子在很长一段时间里不会用语言表达自己的要求和愿望，因此父母需要通过对孩子的观察来了解其气质类型、性格特点等，例如孩子哭起来是不是不容易哄？孩子对事物的反应能力怎么样？孩子的注意力能集中多久？孩子对陌生的人和事物有什么样的表现？假如孩子跌倒了、碰伤了会有怎样的表现？孩子的吃饭和睡眠是否有规律？

2. 气质不能决定孩子未来之路

许多父母对自己孩子的气质感到苦恼，不过应该明白，不管孩子身上是什么样的气质，都有其积极的一面。父母需要做的就是引导孩子气质的积极一面，促使其慢慢淡化消极的一面。只要引导得当，那么孩子的气质是可以得到最佳发挥的。

3. 孩子的气质在后天是可以改变的

孩子出生之后就会有明显的气质特征，不过具有典型气质特征的孩子是没有的。大部分的孩子是以基本上属于某种气质为主的，而同时又具备其他气质类型的某些特点。尽管气质具有稳定性，不过在现实生活中，在父母后天的教育下，孩子的气质是可以改变的。父母需要注意的是区别自己孩子属于哪种气质类型，然后予以针对性的教育引导，更好地塑造孩子。

如何引导和培养胆汁质的孩子

父母的烦恼

小川这个孩子有点叛逆、多变让父母感觉很复杂，一会儿温顺如羊，一会儿暴躁如虎。有一次父母带着他去旅游景点，由于到得比较早，当时景点的大门紧闭，周围没有一个人，再加上北方的秋天早晚很凉。看着紧闭的大门，小川对妈妈说："妈妈，公园的门不高，这里又没人管，我们不要在这里傻等了，爬进去吧！"妈妈在想，孩子怎么会有这样的想法呢？

后来父母带着好奇心查阅了相关文章，才发现原来小川是典型的胆汁质类型的孩子。这样的孩子外倾性比较明显，情绪兴奋性高，抑制能力差，反应速度快，精力旺盛，不过不稳重，喜欢挑衅，脾气暴躁。面对这样的孩子，父母该怎么办呢？

心理学家认为，从胆汁质的气质特征来看，胆汁质的孩子通常有着较为明确的目标，做什么事情都以目标导向为基础，他们个性独立，不喜欢向人寻求帮助。这样的孩子需要的是较为自由的空间，假如父母总习惯性地对他们加以限制，打击他们脆弱的自尊心，就会让他们积极主动的天性受到伤害。

同时，心理学家指出，胆汁质的孩子比较有主见，性格直爽，不拘小节，且有较强的支配力，不希望受他人的支配。他们最大的特点就是性格急躁，遇到事情容易匆忙做决定。他们好像总是安静不下来，不是坐着乱动，就是四处走动，有时还会做出种种夸张的举动。

尽管胆汁质孩子的优点是明显的，不过其缺点也显而易见。由于他们比其他的孩子表现得更为勇敢，更容易对外界的刺激做出反应，因此在学校里，他们的表现往往更突出一些。但是他们也容易形成"骄傲""娇气"的性格，做事比较没有耐心，因此容易失败。

❤心理支招

1. 提醒而不是批评

由于胆汁质的孩子精力比较充沛，积极热情，喜欢说话，同时他们喜欢惹是生非，因此父母需要做的就是提醒他们遵守纪律，学会控制自己的行为。即便想要对他们进行批评，也需要注意自己的口气和语言，不要大声训斥，更不能激怒他们。假如父母由于孩子作业写得潦草就大声训斥，有可能导致孩子不愿意好好写作业，反而会将作业本撕掉，或者干脆不写作业了。

2. 学会理解孩子

孩子需要爱，父母需要学会理解孩子。不过，在面对胆汁质的孩子时，许多父母却容易缺乏耐心。实际上，这时父母没有给孩子足够的爱，不管孩子气质属于哪种类型，都需要被爱。假如对孩子的教育离开了爱这个前提，就根本达不到教育的效果。

3. 抑制孩子的冲动情绪，培养其耐性

胆汁质的孩子自制力和感情平衡能力都比较差，父母需要引导孩子磨炼其耐心，用行动削弱其气质弱点。父母可以告诉孩子：在你做决定之前，可以先咨询父母是对是错。当孩子没办法面对一些事情时，父母可以告诉孩子冷静的补给方法：深呼吸、放松，这样可以让孩子安静下来，从而达到培养其耐性的目的。

4. 父母要学会控制自己的情绪

父母不要强迫孩子去改变，任何气质类型的孩子都不应该因为父母的喜好而改变自己，这样的教育对孩子成长是极为不利的。假如孩子感觉到了强迫，他们会反抗。同时父母要控制好自己的情绪，不要向孩子的暴躁脾气屈服。当然，对孩子也不要语出讽刺，诸如此类的方式只会导致相反的效果。

5. 保持安静和谐的家庭氛围

父母对待孩子的态度要平静，也要严格，和孩子说话要平和、冷静，切忌高声叫喊，帮助孩子克服难以安静和急躁的缺点。平时可以让孩子做一些安静的游戏，如画画、下棋等，培养孩子的耐性和理性思维。假如孩子提出不合理的要求和愿望，父母可以进行"延迟满足"，培养孩子的耐心和自控能力。

6. 退一步思考

胆汁质的孩子发脾气时，父母不应该马上处理，而需要退一步去思考，孩子为什么要这样做？孩子怎么会有这样的情绪？父母可以把这件事放到第二天处理，同时引导孩子回忆自己做错事情的过程，这时不要用责备的语气，可以客观地询问孩子当时发生了什么事情，这样有利于帮助孩子跳出那种强烈情绪，理智地看待自己所做的事情。

7. 对孩子讲道理，而不是摆架子

胆汁质孩子很容易发脾气，不过他们很讲道理。孩子因为冲动而犯错时，父母不要对孩子轻易发火，在事情发生之后可以用平静的语速和声调对孩子讲道理。父母这样做，孩子比较容易听话，那么教育的成效也是比较好的。

8. 培养孩子的注意力

通常而言，胆汁质孩子的情绪比较亢奋，很容易分心。在平时生活中，父母不要打扰正在专心致志的孩子；父母若发现孩子的兴趣，就需要从兴趣出发来培养孩子的注意力，延长孩子的注意时间；父母可以选择一个事物凝视，随着视野变小，孩子的意识和精神也就慢慢集中起来，情绪也会慢慢地平静。

如何引导和培养抑郁质的孩子

父母的烦恼

有一天，妈妈在公司受到了老板的夸奖，特别高兴，下班后去幼儿园接孩子："宝宝，这个星期天我们不去练琴了，妈妈带你去游乐园。"孩子高兴极了，把这句话记住了。转眼到了星期天，妈妈一早起来就让孩子练琴，孩子有些不乐意，心想：是我最近不够听话，让妈妈生气了？那我要乖一点，妈妈就会带我去游乐园了。

转眼又到了星期天，妈妈还是让孩子练琴，孩子没说一句话。不过在之后一个星期里，孩子表现得非常忧郁，再到星期天该练琴的时候，孩子突然喊肚子疼；再到一个星期天，孩子还说肚子疼。妈妈了解实情后，抱着孩子说："宝宝，你要去游乐园可以告诉妈妈啊。"孩子却说："你说你要带我去游乐园，你怎么能忘了呢？我还在想是不是我惹你生气了，所以你不带我去了。"

大部分孩子都是天真活泼的，不过有的父母发现自己的孩子不喜欢说话，不和旁边的人甚至别的小朋友来往，也不主动参加集体活动，被父母责备后过了很久还记住这件事，这是一种精神问题吗？实际上，这样的孩子就是抑郁质的孩子。

抑郁质的孩子通常比较胆小，不喜欢说话，不喜欢与人交往。在回答问题时，也总是低着头，声音很小。若受到表扬，眼睛就会一亮；若受到批评，眼睛就会往下看；看到父母经常会哭。他们在学校里不唱歌也不跳舞，回家后却又把学过的东西表现出来。在平时生活中，他们安静、注意力集中，有着丰富的想象力，善于感觉到细微的变化。不过他们性格孤僻，对自己缺乏信心，个性敏感、沉闷。

当然，抑郁质的孩子很关心别人对自己的评价。当外界的评价是赞扬时，他们的表现就会很自在；假如外界的压力太大，他们就容易情绪波动，严重者还会出现自闭症。由于这样的性格，抑郁质的孩子容易被外界左右。所以他们平时总是一个人玩，假如别的小朋友主动过来和他玩，他们不仅不会高兴，而且会比较厌烦。他们的情绪通常不会表现出来，即便受到表扬时也没有太大的反应；假如在学校遇到什么不高兴的事情，他们会毫无表情，不过回到家就会哭。

❤心理支招

1. 激赏教育

抑郁质的孩子比其他孩子更渴望被肯定和欣赏，父母应该多运用激赏教育。美国心理学家詹姆斯提出了"肯定原则"，他认为"人最本质的需要是渴望被肯定"。每一个孩子自我意识的产生，主要依赖于父母对他的评价。而对于抑郁质的孩子来说，他们特别希望得到父母的肯定，以此增强自己的自信心。对于这样的孩子，父母要不吝惜赞扬和鼓励，有时一句简单的肯定，会给抑郁质的孩子带来很大的鼓励，同时可以提升孩子的自信心。

2. 劝导孩子不要过分追求完美

抑郁质孩子做任何事情都希望能达到完美的境界，当他对事情的结果不满意时，就会陷入深深的自责之中。假如父母也是抑郁质类型的，那么孩子所做的一切都不能令自己满意，在责备声中，孩子也容易患抑郁质。所以，父母要用平常眼光看待孩子，劝导孩子不要过分追求完美。

3. 鼓励孩子参加活动

父母应重视孩子的主动性，鼓励他多参加集体活动，尽可能让孩子经常与同龄的孩子一起玩耍和交谈，培养孩子合群的性格。父母可以告诉孩子的老师，在其参加集体活动时，对孩子进行鼓励和夸奖，增强孩子的自信心，避免他在其他同学面前感到羞怯和自卑。平时多带孩子参加集体活动和户外活动，以便增强孩子的适应能力，帮助孩子克服孤僻、敏感的性格。

4. 创造温馨、快乐的家庭氛围

对于抑郁质的孩子，父母要为其创造一个轻松、快乐、温馨的家庭氛围。对孩子要亲切、温和、耐心，给予更多的关怀和照顾，切忌当众批评他们。即便需要批评孩子，也要在其能接受的范围之内，亲切而又毫不在意地说明孩子的错误所在，鼓励孩子去改正。同时在家里鼓励孩子多说话、多表扬，当孩子遭遇某些事情时，更要特别关心和照顾孩子。

5. 避免破窗效应

破窗效应是美国心理学家詹巴斗通过试验得出的结论，他认为每个人都会受到某些暗示性的纵容，在外界刺激的影响下，会做出一些出格的事情。而对于抑郁质的孩子而言，这种效应更加明显，他们会被父母的"坏评价"所引导，成为"坏孩子"，让父母越来越担心。反之，假如父母可以适时鼓励，孩子就会产生更强的动力，就会变好。

所以，良好的家庭氛围对孩子的成长是十分有利的。父母们需要注意的是，当孩子可能因此产生不安全感的时候，则需要更加关心和照顾他们；鼓励孩子参加活动，增强孩子对环境的适应能力，帮助孩子克服孤僻、敏感的情绪反应。

6. 不打扰孩子观察

抑郁质的孩子有一个非常大的优点，他们的观察能力很强。当孩子在认真观察一件事物的时候，不论遇到什么事情，父母都不要去打扰他（她）。等观察工作结束之后，父母可以对孩子说："你认真观察的样子真的很可爱。"这时孩子就会羞涩地笑，但其内心是十分幸福的。

7. 培养孩子的交际能力

面对抑郁质的孩子，由于他们十分敏感、不擅长与其他人接触，因此父母的关注点大多放在培养孩子的交际能力方面。实际上，对于这种类型的孩子而言，父母越是强迫自己与周围的人接触，他们对周围的人就越敏感、越排斥。这时父母就要让孩子感受到爱与欣赏，因为来自父母的爱与欣赏可以逐渐缓解他们的敏感性。

如何引导和培养多血质的孩子

父母的烦恼

孩子太好动了，几乎没有一刻可以闲下来，幼儿园里其他的孩子都可以老实地坐一会儿，我们家的孩子就不行。

假如我带着孩子和其他朋友在一起聊天，孩子就不会让我在那里待太久，一会儿就要走，坐在凳子上也不老实，不是站着就是歪坐着，晚上回家后孩子还在不停地动，看看这个，摸摸那个，即便是喝口水，也非要转个方向，脚还在乱踢。平时带着他去游乐园玩时，他也特别喜欢翻山越岭那种剧烈的运动。这孩子给我的感觉是精力特别旺盛，活泼好动，不过我总是觉得他跟别的孩子不一样，该不会有什么问题吧？难道是多动症？

案例中的孩子并非患了多动症，而是孩子的气质属于多血质型，即活泼型。在平时生活中，多血质的孩子活泼好动，遇事较为敏感，反应比较快，对人热情，不论遇到陌生人还是认识的人，都能主动打招呼。他们喜欢说话，总把家里的事情告诉老师和小朋友。

同时，这样的孩子大多敏捷好动、热情活泼、善于交际、富有同情心、思想灵活，即便在陌生环境也不会感到拘束，俗称"自来熟"。他们喜欢交朋友，身边朋友很多；上课时也不害怕举手发言，语言生动流利；性格随和，容易沟通。不过这种类型的孩子，往往注意力不能集中，容易分散精力，做事浮躁而不踏实、虎头蛇尾，害怕吃苦。

对于这样的孩子，父母应该怎么办呢？

❤心理支招

1. 因势利导，发挥孩子的长处

如前所述，多血质型的孩子优点很多，这些都是孩子气质特点中好的一方面，对此父母要进行因势利导的教育，发挥孩子的长处，注意培养孩子活泼开朗、朝气蓬勃的良好性格。

2. 引导孩子正确地认识自己

多血质孩子身上有另外一些特点，如情绪不容易稳定、兴趣经常转移等。父母在进行教育时，要注意培养他们做事认真细致、有条理、有始有终；养成做事情有计划、有目标的习惯，避免让孩子产生无事可做的感觉。此外，对孩子要严格要求，该批评就批评，同时要讲道理，孩子改正错误之后要及时给予表扬和鼓励。必要时父母可引入一些挫折教育，让孩子正确认识自己。

3. 训练耐性和注意力

父母要用亲切关怀的态度对待孩子，多给他们布置任务，用较高的标准要求他们，让他们多做一些富于耐性的工作，多做培养和训练注意力的游戏，并慢慢延长时间。不过需要注意的是，可以先从简单的做起，慢慢改进，逐步复杂；要将事情做完，有始有终，每天检查。孩子有了进步就要表扬，予以肯定，同时要求孩子用语言描述所做的过程，这样可以慢慢帮助孩子克服虎头蛇尾、浮躁的缺点，慢慢养成有条理的思维模式。

4. 培养孩子的吃苦精神

现实生活中，许多孩子智力水平较高，才华横溢，不过假如缺乏意志力、喜欢虚荣、怕吃苦，长大后依然会平平庸庸。对于多血质的孩子，特别要注意培养他们的专一、自我控制能力和锲而不舍的精神，加强他们的责任感、纪律性。同时，引导孩子稳定兴趣，发挥其热情奔放、机敏灵活的品质，要求孩子学习和生活中不要三心二意，做事要专心和敢于面对困难等。只有这样进行有利地引导，才能让多血质的孩子具有勇敢、顽强、乐观向上的积极性格。

5.鼓励孩子参加活动

父母可以根据多血质孩子活泼好动的特点，特意安排一些相对比较安静的游戏或活动，例如弹琴、唱歌、画画、练字、讲故事等，让孩子在游戏和活动中弥补其气质中的不足之处。

如何引导和培养黏液质的孩子

父母的烦恼

小艾十分安静、有耐性，她的行动不容易受到周围环境的影响。例如，课间活动的时间到了，全班的小朋友都跑到教室外面去玩，只有她一个人还在教室里写字，她总是不慌不忙、认真地写，直到自己满意才出去玩。平时在家里看动画片时，其他的孩子都哈哈大笑，她却只是安静地笑。假如妈妈因工作出差到外地，回家时，爸爸总会给妈妈一个大大的拥抱，而小艾只是在一旁安静地看着妈妈。

不过，小艾有一个很大的缺点，那就是做事迟缓。例如，她不仅吃饭慢、穿衣慢、做功课慢，就连坏情绪也消失得十分慢。假如小艾在幼儿园受了委屈，她的情绪常常一整天都好不了。对此，妈妈很担心，小艾个性是不是太安静了些？

小艾就是典型的黏液质的孩子，这种气质类型的孩子通常比较安静，也不张扬，情绪波动也不会很大，即便受到赞扬也只是微微一笑，受到批评时也不为自己辩解。在生活中，他们的动作相对比较迟缓，总是循规蹈矩。通常情况下，这种类型的孩子在集体中显得较文静，遵守纪律，比较听话，也从来不会惹事，做事情有毅力，不容易受到周围环境的影响。

黏液质孩子的耐性非常好，不论上什么课，他们都会集中精力认真地听，即便旁边有小朋友故意找他们说话，他们也不会搭理。例如在玩搭积木这类游戏时，即便积木倒了很多次，他们也会十分有耐心地继续搭，直到把积木搭好为止。因此，在父母和老师的眼中，黏液质的孩子都是属于比较乖巧、听话的孩子。

不过他们也有很明显的缺点，他们个性比较沉闷、固执，不喜欢说话，不太关心别人，个性不突出，容易随大流。对于这样的孩子，父母若是没有教育好，孩子可能发展成为保守、固执、冷漠和不关心他人的人。当然，如果引导得当，他们则会成为稳重踏实，具有管理能力、十分敬业的人。

♥心理支招

1. 比较教育法

黏液质的孩子做任何事情都特别认真，不过效率不高。父母需要找到一种办法，既可以保证孩子做事的质量，又能提高孩子做事的效率。例如孩子午睡后自己穿衣服，这时父母可以悄悄地说："宝贝，你看弟弟穿衣服又快又整齐，你穿得一定比他还要好！"听到父母这样说，孩子的动作就会明显加快。当然，不论孩子最后穿得是快是慢，穿好之后，父母都要给予孩子一个鼓励的拥抱，这时孩子就会感到特别幸福。

2. 多鼓励

黏液质的孩子不容易受别人的影响，但假如父母能在一旁引导他们，他们的积极性往往就会被激发出来。多给孩子拥抱和亲吻，用鼓励的方式引导孩子提高做事效率。不过父母需要注意的是，这种方式只是激发孩子积极性的一种手段，不要在意孩子最后的结果，也不要给孩子太大的压力，否则这只能成为孩子提高效率的阻力。

3. 增强孩子的自主意识

父母要有意识地培养孩子良好的个性，增强其自主意识。在生活中，让孩子坚持自己的想法和看法，尽可能张扬个性。努力为孩子营造安静、自娱自乐的场所，让孩子成为这片天地的小主人。在与孩子玩游戏时，尽可能由孩子来领导父母，可假意向孩子请教，让孩子出主意，唤醒孩子的主人翁意识，激发孩子的领袖的气质。鼓励孩子做自己喜欢的事情，支持孩子与同龄小朋友一起玩。

4.给孩子挑战的机会

父母需要经常给孩子挑战自我的机会，故意制造矛盾，让孩子反抗、争辩。例如，父母给孩子一个错误的知识，假如孩子盲目执行就会犯错，这时父母要求孩子重新做，直到孩子生气为止。当孩子生气时，父母可以表扬，且对孩子说："我说的话，你为什么不思考是否可行再去做呢？"

5.鼓励孩子融入陌生环境

父母要鼓励并引导孩子多接受陌生的人和事物，让孩子多参与，便于慢慢改变孩子保守的特点；鼓励和引导孩子多说话，多描述一件事或一个人，引导他们与外界打交道，刺激孩子的表现欲望，慢慢改变孩子不爱说话的特点。同时鼓励孩子多参加集体活动，假如参加一个新的活动，或者生活有变化，则需要提前告诉孩子，让孩子有一个适应新生活的过渡期。

别让孩子从小就不合群

父母的烦恼

学校放假了，小伟在妈妈的安排下每天写作业，然后就在家里看电视、看书。每天妈妈回家都会问小伟："宝贝，今天出去玩了没有？"小伟都会摇头，时间长了，妈妈就有些担心孩子是不是不太合群。

趁着自己休息的时候，妈妈带着小伟下楼来到小区广场，阳光很不错，广场人也很多，其中有许多与小伟同龄的孩子。在荷花池里，有许多小鱼儿游来游去，孩子们很兴奋，他们爬在护栏上仔细观察着小鱼儿，有调皮的孩子向池里扔进了一块块石头，层层涟漪随着孩子们欢快的笑声荡漾开去，这一切看起来很美。接着，孩子们又自发地玩起了游戏，妈妈笑着看着他们，回头却发现小伟一个人独自在那玩，无论妈妈怎么劝说，小伟都不和其他小朋友玩，还说："妈妈，我对他们不熟悉。"妈妈一惊，看来以前带小伟出来玩的机会太少了，这些住在同小区里的孩子也见得少。

有的孩子在入学之后难以适应学校生活，不容易结识朋友，与同龄的伙伴玩耍时也会胆怯畏缩，最后就成了一个不合群的孩子。孩子不合群，性格孤僻，不但脱离周围的群体，而且明显地影响孩子的上进心，甚至损害身体健康。实际上，孩子不合群，与先天气质有关，同时也有父母教育的原因。有的父母整天把孩子关在家里，让电视机、玩具、游戏机与其为伴，不让孩子出去和其他小朋友接触，担心孩子会吃亏，会沾染坏习惯。时间长了，孩子就成了笼中鸟，成为一个不合群的孩子。

虽然不合群的孩子说不上有什么疾病，但是影响他们去适应新环境和学习知识，这样的孩子长大后也很难与人相处，难以适应社会。而那些合群的孩子在语言表达、人际交往方面都会明显优于不合群的孩子。所以，父母应该细心观察孩子的言行，让孩子做一个合群的孩子，这样才有利于孩子的健康成长。

❤心理支招

1. 为孩子创造良好的家庭环境

孩子不合群主要是性格方面的原因，这就需要父母以身作则，为孩子创造一个良好的家庭环境。父母之间和睦相处，表露对孩子的关心，同时教育孩子、引导孩子与他人平等相处。在整个家庭中，不要以孩子为中心、处处围着孩子转，当然，父母也要尊重孩子，不要随意打骂或训斥孩子，重要的是要让孩子在和睦温馨的家庭氛围中长大。

另外，父母要抽出时间来亲近孩子，每天都要有一定的时间与孩子在一起交谈。周末休息的时候，父母可以带着孩子去公园或亲戚家走走，创造条件让孩子与其他小朋友一起玩耍。如果孩子觉得害怕，父母可以陪着孩子一起做游戏，等孩子们相互熟悉之后就可以自己玩耍。玩耍之后，父母可以给予孩子适当的赞扬，让孩子在玩耍中感受到小朋友的可爱。

2. 有意识地培养孩子合作的能力

父母可以交给孩子一些个人难以完成的任务，鼓励孩子与别人一起合作，或者与父母一起完成，这样增加孩子与别人交际的机会，让孩子明白一个人的力量是有限的，进而体会到合作的乐趣。

3. 鼓励孩子多参加集体活动

父母应该鼓励孩子多参加一些集体活动，让孩子从小就生活在同龄孩子的群体之中。孩子们的相处过程中，他们会彼此教会怎么玩游戏，怎么相处。而在家里，父母可能会处处让着孩子，但是在群体活动中就需要学会平等地相处，这样也有利于帮助孩子克服一些缺点。有的父母害怕孩子在集体活动中被别的小朋友欺负，要求孩子自己玩自己的，不要与其他小朋友来往，这样做表面上似乎是关心孩子，实际上却让孩子失去了锻炼的机会。

4. 让孩子学会交朋友

那些心理健康的孩子都会有自己的朋友，当孩子与其他小朋友交往的时候，父母需要引导孩子如何结交朋友、如何对待朋友。有的孩子喜欢捣乱，经常惹是生非，面对这样的孩子，父母要告诉他：你再这样下去，就没有小朋友愿意跟你一起玩了，老师也不会喜欢你。这样帮助孩子改掉坏习惯，使孩子逐渐融入到集体之中。

第 5 章

儿童个性心理学：
引导和激发孩子的性格优势

心理学家认为，孩子的性格特点实际上是父母性格的写照，有的则是父母训斥和管教的产物。可以说儿童时期是性格培养的关键时期，而父母是孩子的第一任老师，父母要善于对孩子进行正确的教育，发现和引导孩子的性格优势。

"他希望成为蜘蛛侠"——解析领袖型孩子

父母的烦恼

小坤从小就是一个孩子王,他好像天生就对权力特别着迷,而且永远是精力充沛的状态。在与身边的孩子相处时,小坤的支配欲就开始蠢蠢欲动,恨不得把周围的小朋友都收在自己的麾下,总是指挥他们:"小胖,这次捉迷藏你负责来抓我们,不要偷看啊""花花,你把我们的衣服拿着,别丢地上了弄脏了""妈妈,快帮我把牙膏挤好"……而且在与小伙伴相处时,他好像不会考虑他人的感受。所以,经常有其他小朋友向小坤妈妈告状:"阿姨,小坤欺负我!"每到这时候,妈妈就特别无奈,该怎么办呢?

小坤是典型的领袖型孩子,在他们幼小的心里总以为自己是"蜘蛛侠",是能够拯救全人类的勇士。这种性格的孩子对权力特别着迷,在他们看来只要自己掌控整个局面,就能获得安全感和成就感。平时生活中,他们总是精力充沛,而且难以屈服别人,在他们看来向其他孩子低头就是放弃自己的权利或需要的东西。当然,这也会导致他们严重的自我膨胀,有时难免会伤害到其他孩子。

领袖型的孩子坚信所有的事情应该靠自己完成,很少依赖别人,还希望其他所有人都依赖自己。假如他们发现某些人身上有自己看不过去的行为习惯,或者某些做了他们认为不对的事情,他们就会马上指出来,完全不考虑具体的情况和周围的环境,也很少会考虑对方的感受。

当然,孩子的领导才能是各种能力的综合,在他们发挥领导才能的过程中,其综合分析、创造、决策、随机应变、协调、语言表达等能力都得到了相应的锻炼。当然,孩子身上所体现出来的领导才能并不同于成人群体中的领导才能。在孩子身上,并没有体现出过多的权力因素,而是更多的自信和成就感。一个孩子如果具备了一定的领导能力，那么他（她）在交往、应变、语言表达能力等方面都会远远超过同龄的孩子，这样他（她）身边的孩子就会对其产生一种亲切感、信赖感和佩服感。

领导才能对孩子的未来发展有极大的帮助。一个习惯于做孩子王的孩子，他（她）在未来的人生中很可能会扮演独当一面的角色，甚至会带领自己的团队，因为他（她）早早地就接触了领导才能的方方面面。另外，这对孩子当下的成长也有很大的帮助，那些具有领导才能的孩子往往担任了学习上的领导者，例如班长、学习委员等。而且，他们在课余活动中表现出来的领导才能，比智力或学习成绩更能准确地决定他们将来的成就。

假如孩子具备领袖型性格，或者其领袖型的气质崭露头角，父母就应该予以正确的引导。如果孩子没有这样的性格特征，父母也可以通过有效的方法培养其领导才能。

❤心理支招

1. 培养孩子的沟通能力

领导者总是吩咐别人来做事，这就需要领导者具有比常人更优秀的沟通能力。领导者要有理解别人的能力，与人沟通，协调同伴之间的矛盾和冲突，解决内部的分歧，让大家都朝着一个方向努力，这样，领导者才能赢得别人的尊敬。所以，在日常生活中，父母需要培养孩子的沟通能力，在家庭活动中培养孩子的小主人意识，让孩子懂得理解别人、团结别人，培养与别人沟通的能力。

2. 培养孩子的自信心

大多数孩子具有一定的依赖性，这其实是他们丧失自信的一个重要原因。孩子缺乏了自信，因而总不敢单独去完成一些任务。所以，当父母吩咐孩子去完成一件事情的时候，要学会鼓励孩子："我知道你一定能做到。"如果孩子取得了成功，父母要给予夸奖："你果然做到了，真了不起。"当孩子听到了这样的话，自信心就会大增。孩子对自己充满了自信，他（她）就能够独立思考、独立行动，尤其是当孩子参与同龄孩子的活动时，他（她）就会敢于参加，而且有一种必须成功的劲头。孩子有了一定的自信心，就会有自信去领导自己的团队。

3. 培养孩子的责任意识

领导者是有一定的责任意识的，他会对自己团队的成功与失败负责。对于孩子来说，他的责任意识就表现在对自己、对他人以及日常生活中各种事情的态度上。所以，为了培养孩子的责任意识，父母不仅要要求孩子自己的事情自己去做，还需要让孩子懂得对自己的言行负责，例如，当他要去做一件事情的时候，就必须认真完成，这就是一种负责任的表现。

4. 培养孩子的决策能力和创新能力

父母总是认为孩子不会有自己的想法，其实，孩子也能够感受到"自我"和"自我存在"，他们也经常为"什么都得听父母的"而烦恼。在这样一种有着强烈自我意识的心态下，孩子渴望独立行动并开始了决策。所以，随着孩子年龄的增长，父母要摒弃事事包办的习惯，尊重孩子的兴趣选择、价值判断等各方面的权利，给予孩子最大的信任，指导并帮助孩子独立自主地发展。

创新能力是一个领导者不可缺的素质。其实，创新能力隐藏在每一个孩子的身上，即便是年龄很小的孩子，他（她）也有一定的创造力。这时候，父母应以赞赏的方式呵护孩子的好奇心，激发他（她）内心的探索欲望，这样有助于培养孩子的创造性思维能力，也可以不断地增强孩子的自信心。

"孩子总觉得自己不是亲生的"——解析怀疑型孩子

父母的烦恼

小艾从小就是一个敏感多疑的孩子，即使在婴儿时期，父母如果假装生气说了几句话，她就会哇哇大哭。到了两三岁，由于父母工作很忙，小艾就跟爷爷奶奶生活在一起，也更加敏感多疑。有时，她会呆呆地问妈妈："妈妈，你爱我吗？"妈妈这时就会把小艾搂在怀里，安慰说："你是妈妈的小棉袄，妈妈怎么会不爱你呢？"

上学之后，父母工作更忙碌了。小艾性格越来越内向，她经常看到几个同学凑在一起说笑，不时看看自己，她就怀疑：他们是在说我吗？大家都不喜欢我吗？而小艾回到家之后，总是爷爷奶奶在家，她害怕，甚至开始怀疑自己是不是爸爸妈妈亲生的孩子，爸爸妈妈是不是不爱自己了。

小艾是典型的怀疑型孩子，几乎从她出生开始，就会下意识地寻求家中保护者的认同，获得安全感，这个保护者可能是父亲，也可能是母亲，也可能是其他人。他们会强有力地内化自己与这个保护者的关系，而且在整个成长的过程中维持和这个人的关系。假如孩子认为这个人是慈爱的，可以为自己提供勇气，那么孩子长大后也会从其他人那里寻找相似的指导和支持。他们会尽自己的最大努力来取悦这些人或群体，尽职尽责地按照既定的原则和指导方针办事。假如在孩子看来这个保护者是暴力的、不公正的，那么孩子会将自身与权威的这种距离感内化，认为自己总是无法与他们认为强于自己的那些人相处，所以对生活充满恐惧，担心自己会受到不公正的处罚，这时他们就会采取防御措施，对保护者采取极端的态度。

怀疑型孩子天生就被一种焦虑和不安全感笼罩着，在幼年时期他们最重视的就是自己的父母，害怕自己受到父母的冷落、得不到父母的支持。所以，孩子敏锐的洞察力是从预测父母的态度开始发展的，且在察言观色的过程中学会了犹豫不决。这样的孩子在童年时期有一种无助感，总感觉自己是被孤立的孩子，随时充满了焦虑；慢慢长大后，又从焦虑情绪中发展出怀疑的特质。所以，孩子对父母的感情是充满矛盾的，一方面获得肯定，想要服从，另一方面又因为未能获得信任而开始蓄意反抗。

❤心理支招

1. 尽量避免责备孩子

怀疑型的孩子是极其敏感的，他们总会怀疑一些不存在的问题。当然，这并不意味着孩子的父母对孩子漠不关心。对于怀疑型的孩子，即便父母很关爱他（她），也可能令孩子在某一瞬间产生得不到信任和支持的失落感和恐惧感。其原因是不容易察觉的，可能只是不经意间的一次责备、一次敷衍，就可能导致孩子胡乱猜疑。毕竟孩子气质的一部分是天生的，他们那敏锐的感觉是父母不容易捕捉到的。

2. 尽量多抽时间陪陪孩子

孩子的内心已经十分敏感，父母稍微有一点点疏忽，都会让孩子觉得父母可能不爱自己了，他们总会幻想出一些没人爱自己的孤独画面，这样会更加重他们的怀疑病。所以，不管父母有多忙，要尽量多抽出时间陪伴孩子，让孩子确实感觉到父母是爱自己的。

3. 引导孩子说出心里话

有时候孩子只是一个人胡思乱想，四处猜疑，他们就好像活在自己的世界里，关闭了心灵沟通的大门。如果父母不想办法与孩子进行心灵上的沟通，无法了解到孩子心中所想，那么即便给予孩子再多的爱，孩子也是不快乐的。

4. 鼓励孩子

孩子对这个世界的一切怀疑都源于内心的不自信，内心自卑导致了其敏感多疑的性格。在生活中，父母要尽可能鼓励孩子，当孩子完成一件事情之后，称赞孩子"你真棒""这件事你做得很对""妈妈很爱你"。父母的鼓励可以令孩子开心，从而增强孩子的自信心。

"孩子总是多愁善感"——解析浪漫型孩子

父母的烦恼

圆圆马上就7岁了，他从小就胆小，在学校里根本不会与同学们交流，也不会主动举手发言。在饭店吃饭时，他也不会主动要求加饭，即便看到其他小朋友高兴地向阿姨要礼物，他也畏缩着不敢上前。

这些天，家里的猫咪生病了，他天天看着猫咪，哪里也不去，连平时最喜欢看的动画片也不去看了。他看着小猫咪，喃喃自语："如果我能代替你生病就好了，你不要生病，我不想你生病……"结果，越说越伤心，一个人哭了起来。

妈妈看到孩子这样的状态，非常担心，这孩子是怎么了呢？

多愁善感的孩子喜欢流眼泪，甚至在很多时候都不当着父母的面，好像总是心事重重，他们往往感情细腻、复杂，经常想得很多，顾虑也很多。由于孩子都是家里的宝贝，父母或多或少对孩子会有迁就，为孩子包办得过多，所以造就了孩子强烈的自我意识和依赖思想，似乎受不了一点委屈，稍微有一点不如意就开始哭。

当然，孩子的性格和家庭教育也有很大的关系，假如父母多愁善感，孩子肯定一样；假如父母开朗大方，孩子也会很阳光。所以父母尽可能不要在孩子面前吵架，为孩子营造一个良好的家庭环境。父母遇到事情需要往好的方面想，乐观一点，否则孩子也会耳濡目染。另外建议父亲多陪孩子，毕竟，和父亲在一起，孩子会更加坚强，更加勇敢，尽管母亲也会在这些方面孩子，不过比不上父亲的榜样作用。

❤心理支招

1. 语气平和地安慰孩子

当孩子伤心难过时，父母首先要语气平和地安慰孩子，向孩子表示自己的感受和他（她）是一致的，与孩子产生感情上的共鸣，让孩子意识到父母与自己一起分担忧伤。当然，父母应善于利用时机，以孩子伤感的事物作为媒介，理智、科学地对他（她）进行教育，这样有利于孩子学会较为冷静、恰当地面对人生的挫折和不幸。

2. 尽可能与孩子多商量

如果希望多愁善感的孩子变得坚强，父母就不要总按照自己的意愿来塑造孩子，让孩子言听计从。在处理事情时，父母要尽可能与孩子商量，特别是孩子自己的事情，父母一定要尊重孩子的想法，多听取孩子的建议。

3. 多看到孩子的优点

通常那些多愁善感的孩子总担心被别人否定，因此，父母要多关心孩子的优点，并常常以欣赏的语气鼓励他。孩子得到了肯定，就会增强自信心，其性格也会开朗起来。在平时生活中，父母需要细心观察孩子的喜好，努力挖掘孩子的潜能，然后给孩子创造展示、表现自己的机会，一旦孩子获得了成功的体验，就会坚强起来。

4. 不要总是指责孩子

多愁善感的孩子大多缺乏自信心，父母不要总是指责孩子，这样的教育方式是不妥当的。因此，当孩子不会做某件事时，父母要向孩子解释和示范如何做才是正确的。孩子学会做了，父母就会少一分担心，多一分乐观，而孩子也敢于积极地去做。

5. 营造轻松、欢乐的家庭氛围

父母要注意营造轻松、欢乐的家庭环境和氛围，孩子从小就要有一个良好的生活环境。例如，父母经常说说笑话，说些有趣的事情；对于一些悲伤的事情，父母最好不要在多愁善感的孩子面前表现得过于惋惜、难过，避免孩子受到影响。当孩子表现出多愁善感时，父母最好的方法就是转移其注意力，缓解孩子的痛苦情绪。

6. 让孩子明白哭是没用的

当孩子由于多愁善感而掉眼泪时，父母要让孩子知道哭是没有用的，哭解决不了任何问题，即便哭得再厉害也不能改变事情的最后结果。告诉孩子，正确的做法就是把眼泪擦掉，勇敢面对，坚强地迎接新的生活。

7. 转移注意力

对于家中发生的一些事情，例如小鸡死了、养的花枯萎了、养的小松鼠跑了等，如果父母在孩子面前表现出惋惜、难过，孩子也会受到影响。孩子有了这种情绪是痛苦的，不过，仅仅凭语言解释和安慰是不够的，比较好的办法就是转移其注意力，例如带孩子去逛逛超市，买点零食回家吃；到书店逛逛，买几本书回家阅读；到玩具店买几个新玩具拿回家，帮助孩子缓解痛苦的情绪。过段时间，孩子的情绪就会好转了。

"孩子对什么都不满意"——解析完美型孩子

父母的烦恼

女儿4岁了，她非常聪明、懂事，不过心理年龄较成熟。她非常苛求完美，很喜欢跟自己较真。平时我上班很忙，家里很少会认真打扫，经常一到周末家里就一片狼藉。

周末，当我还在床上躺着的时候，女儿就开始对我说："妈妈，家里好脏，你不打扫吗？"我眼睛都睁不开，对女儿说："等妈妈休息会儿，妈妈一会儿再起来打扫，好吗？"不过女儿似乎并不打算就此放过我，她说："你不打扫干净，我怎么玩呢？"我无奈了，只好起床打扫。这时女儿会很懂事地对我说："妈妈，我来教你怎么打扫卫生。"

晚上，她在家里玩积木，由于她总是把小积木放在下面，搭好的高楼总是会倒。倒了好几次以后她就接受不了，开始大哭，一边哭一边问我："妈妈，为什么它总是倒？"假如我在这时劝导或给予帮助，她就会越哭越伤心。

完美型的孩子，脸上随时写满了认真与紧张，他们对每件事都是努力感觉、反复思考，做出精细的打算，然后再去实践。在完美型孩子的眼里，父母的本体似乎是缺失的，也就是孩子对家庭保护者存在不认同的心理。他们十分努力地寻求自我的发展，既努力想成为一个好孩子，也会努力让自己不像一个孩子。在他们看来，应该靠自己的判断力，像成年人一样进行理性的思考，给自己定下一套标准严格要求自己，成为自己行为的引导者。一旦自己的表现不能令自己满意，他们就会感到失望、焦躁。

完美型孩子非常聪明，是对自己高标准并严格要求自己的好孩子，因此很少需要别人的监督和催促。这样的孩子在生活中许多方面都追求完美无缺。若是完美力量型性格，会把课桌收拾得干干净净，东西放得整整齐齐，对作业一丝不苟；若是完美和平型性格，则不会太在乎事情是否井然有序，不会执着地非要一切事情都完美无缺。不过，他们身上最大的缺点是，在没有遇到什么困难之前，就本能地对要做的事情产生一种否定的态度和抵触情绪，从而不愿意与人交往。他们总是喜欢把渴望认可的愿望埋在心里，他们不会坦露真言，希望即便自己不说出心里所想，父母也可以察觉到自己的需要。

心理学家认为，在所有类型的孩子中，完美型的孩子是最有创造力和天赋的。有些父母认为孩子过于聪明而感到担心。完美型的孩子对事情总想得比较深，理解得比较透，对事情又是那么执着。不过，完美型的孩子非常依赖父母，有一种要父母在身边的强烈需要，他们内心是极其脆弱、敏感和缺乏安全感的，他们的情绪十分容易波动，因此当外界可以提供他们自信或缓解他们的抑郁情绪时，他们很容易受外界感染。

❤心理支招

1. 给孩子一个私人空间

完美型孩子可以将所有的东西都整理得有条不紊，即便房间乱糟糟的，他们也可以清楚地记得什么东西放在哪里，不喜欢别人进自己的房间。他们不希望自己房间里的东西被别人整理，哪怕房间很乱，他们也宁愿自己收拾。对此，父母要尊重孩子这样的性格，允许家里有一个房间让他们随便摆放，即便杂乱一点也没关系。

2. 营造轻松的家庭氛围

完美型孩子似乎没有幽默细胞，也不会开玩笑。父母可以告诉孩子，幽默和玩笑是心灵的催化剂。平时多聊一些自己看到的趣事，或者自己儿时的故事，营造出一种轻松的家庭氛围；也可以引导孩子接触有趣的童话书，让孩子多读一些幽默小故事，使其身心彻底放松。

3. 多与孩子交流

完美型孩子总是处于紧张或谨慎状态，他们总在担心事情没做好。所以在家里不要用太多的规矩束缚他们，可以每天和孩子随意轻松地交谈一会儿，制造一家人的开心时刻。在一家人围着桌子吃饭时，父母可以说一些轻松的话题，让孩子慢慢打开话匣子。

4. 给孩子选择的机会

完美型孩子有着较强的责任心，他们买东西时经常会放弃自己的喜好而按照父母的意愿挑选。假如有妹妹或弟弟，他们则表现得更为谦让。因此，在平时的生活中，假如不是太重要的事情，父母可以给孩子一些自己选择的机会，给孩子紧张的心理带来一些轻松和满足。

"孩子总喜欢问为什么"——解析思考型孩子

父母的烦恼

正在读三年级的孩子总是喜欢向老师提问题。本来爱提问题是一件好事，但孩子在提问时就好像是找老师的茬，让老师感觉很不舒服。爸爸批评他时，他也总是要争吵并反抗。真不知道孩子是怎么了，小小年纪就有许多奇怪的思想。

有的孩子喜欢思考，总喜欢向老师提各种问题；有的孩子即便知道老师说错了，也不会与老师说什么，更不会主动向老师提出来。前者是思考型孩子，后者是情感型孩子。思考型孩子崇尚逻辑、公平和公正，喜欢客观地分析问题，自然地发现缺点，有吹毛求疵的倾向，有时甚至被认为无情、麻木、冷漠，他们认为只有合乎逻辑的事情才是正确的。不同倾向的孩子表现出的行为方式是大不一样的，思考型的孩子喜欢按照原则办事。

在语言表达上，思考型孩子常常会说"为什么这样做？""为什么让我做？"语言是带有挑衅意味的。所以他们的提问看起来就像是在找茬，不过，喜欢思考是他们的天生优势，父母需要做的就是观察和发现孩子的优势，不断地强化、运用孩子的优势，适时地提升弱势方面的不足，而不是批评、指责，更不能去泯灭孩子的天性。

心理学家认为，3~6岁的孩子已经拥有了一定的生活常识与经验，他们不再单纯地依赖于成人的指导，而是表现出自主思维的意愿，他们常常会说："让我自己想想看。"同时，他们喜欢分享自己思维的成果，希望获得别人的认可。思考是孩子认识世界的根本途径之一，父母在生活中要注意培养孩子善于发现问题，鼓励孩子提出问题，对那些不喜欢提问的孩子，应注意丰富他们的知识，引导他们观察事物；还可以向他们提出一些问题，启发他们去思考。对稍微大一些的孩子，父母应引导他们对自己看到、听到、感受到的事物进行分析、比较，找出事物的异同，并按照一些共同的本质去进行初步的概括、分类。例如让孩子在一些实物中，找出哪些东西是玩具，哪些东西是家具，哪些东西是用具。

那么，对于喜欢思考或不喜欢思考的孩子，父母该如何引导呢？

❤心理支招

1. 培养孩子喜欢思考的兴趣

兴趣是孩子最好的老师，假如孩子对某件事情有着浓厚的兴趣，就会集中思想和注意力，他们会设法克服种种困难来达到自己的目的。即便孩子喜欢思考，若父母不加以引导，孩子有一天也会对思考失去兴趣。父母是孩子的启蒙老师，对孩子的影响是非常大的。所以，父母要以自己的情绪和行为去感染和影响孩子，用自己对周围事物的态度和兴趣去影响孩子；同时，父母可以经常给孩子提一些问题，激发孩子求知的欲望，引导孩子积极思考、解决问题。

2. 循序渐进

假如孩子不喜欢思考，那么父母对这样的孩子不可提出太高的要求，而应按照孩子的实际情况，从最直接、最容易思考的问题入手，例如让孩子比较两个东西的异同，然后慢慢增加难度，让孩子通过自己的思考解决问题。

3. 引导孩子在生活中积极思考

3～6岁的孩子，对抽象的理论不容易理解，所以父母仅仅说教是不行的。父母要创造思考的环境，开展一些健康、有益的活动，在活动中启发孩子积极思考，例如搞一些家庭数学游戏、猜谜活动、智力游戏等，将数学、智力题融入趣味活动之中。

4. 让孩子享受成功的喜悦

即使孩子只取得了很小的进步，父母也不要忽略，需要及时地给予肯定，热情地鼓励。通过积极的亲子互动，自然而然地促进孩子喜欢思考，养成喜欢思考的好习惯，并让孩子的思考成果被认可，让孩子享受成功的喜悦。

5. 保留思维空白

父母要解放孩子的头脑，让他们自己思考，恰当地保留思维空白。只要是孩子能够自己思考的，父母就要做到"欲言又止"，讲究"空白"艺术，就可以达到"此时无声胜有声"的效果。孩子自主思索，对知识理解得更深更透，这样就培养了孩子良好的思维习惯。

6. 以丰富的感性经验和情感体验做铺垫

父母要以孩子丰富的感性经验和情感体验做铺垫，激活他们的自主思维。孩子的具体形象思维占据优势，头脑中有了丰富的鲜活表象，他们就可以进行知识的迁移，运用已有的知识进行积极有效的思考。

"孩子总有使不完的劲儿"——解析活跃型孩子

父母的烦恼

家里的孩子总有使不完的劲儿，每天早上一起床，就精力十足地开始一天"捣蛋鬼"的生活了。她一边吃早餐，一边在沙发上乱蹦乱跳，嘴里说着我们听不懂的语言，时而跳上去，时而蹦下来。

去幼儿园的路上也是蹦蹦跳跳的，从来不说累。她的同学都嚷着让父母背的时候，她也一个人冲在最前面。在幼儿园的一天，可以说精彩不断，上课时在教室里跑来跑去，老师拉都拉不住，下课了和小伙伴们玩捉迷藏，玩得浑身都是汗水。等到下午我去接她的时候，她全身都是汗臭味儿，我总问："宝贝，你不累吗？"她无辜地问："妈妈，什么是累？"晚上回到家，吃饭之后还要折腾一番才睡觉，我真拿她没办法，她精力怎么这样旺盛呢？

有的孩子过分活跃，行为冲动，他们好像从来不知道害怕和累，喜欢爬高、大声喊叫、疯玩，常常做出各种让父母后怕的行为举动。心理学家分析，过度活跃的孩子往往会在学习上遇到重重困难，他们常常行为冲动、专注力不足，容易与同学产生摩擦或受到排斥，父母只是觉得他们顽皮、捣蛋、多动，忽略了真正问题所在。

有的父母认为，对待过于活跃的孩子，就应该像猫捉老鼠那样好好管教。但这就好像让还不太会走路的孩子去跑步一样，且生气、斥责都是解决不了根本问题的。父母需要尽自己最大的努力，帮助孩子学会克制自己。

父母需要理解孩子的心理，这样的孩子大部分不适应比较复杂的外界环境。父母仔细观察就会发现，孩子发生过激行为之后，自己会变得更加不安，这表示他们欠缺控制情绪的能力。父母必须明白这些过度活跃的孩子不是故意捣蛋、顽皮、反叛的，同时需要学习如何应对过度活跃孩子的行为，帮助他们适应群体生活及学习。

❤心理支招

1. 帮助孩子隔离刺激源

当孩子出现过激行为的时候，父母首先要判断周围是否存在刺激孩子的事物，有可能是更活跃的小伙伴刺激到了他（她），也可能是其他新奇物品激发了孩子的好奇心。假如存在这样的对象或环境，父母就要着手改变周围的环境，把孩子和这些刺激要素分开。当然，为保持孩子的情绪稳定，平时也可以尽可能创造合适的环境条件。在情况改善之前，应尽可能避免带孩子去人多和新鲜事物较多的商场或餐厅。

2. 保持简单的环境

孩子在学习的时候，父母需要保持学习环境的简单和整洁，避免外界的诱惑和干扰。不论学习用具还是学习环境，都不能太复杂、太花哨，东西一定要简单，要少，减少孩子分心的机会。

3. 缩短孩子的学习时间

活跃型的孩子精力集中时间较短，因此，他们不能一次学习太长的时间，要一点点延长时间。例如每次做作业以10分钟为一小段，10分钟之内作业做完，让他（她）有紧迫感，不能给出太充裕的时间。每一小段时间之后，可以让孩子做他（她）喜欢的事情。不过，时间不能间隔太久，否则孩子的心又飞走了。然后慢慢地把做作业的时间延长，变成15分钟、20分钟等。

4. 生活要有规律

父母对孩子要求简单，不能有太多的诱惑，例如不能对孩子说"你写完作业，我们出去玩"，否则孩子兴奋了，就不能集中精力做作业了。同时，对孩子生活中的时间使用要做好安排，让孩子尽量遵守，不能太随意，这样渐渐地就让孩子养成固定时间做固定事情的习惯。

5. 对孩子多鼓励、多夸奖

过度活跃型的孩子，对夸奖的渴望比别的孩子要更强烈。父母夸奖他（她），他（她）就能克制自己好几天。但是，这几天过去之后，可能就会忘记了。所以，父母对这样的孩子要经常鼓励、夸奖，不能过于批评，否则将打击孩子的自尊心。

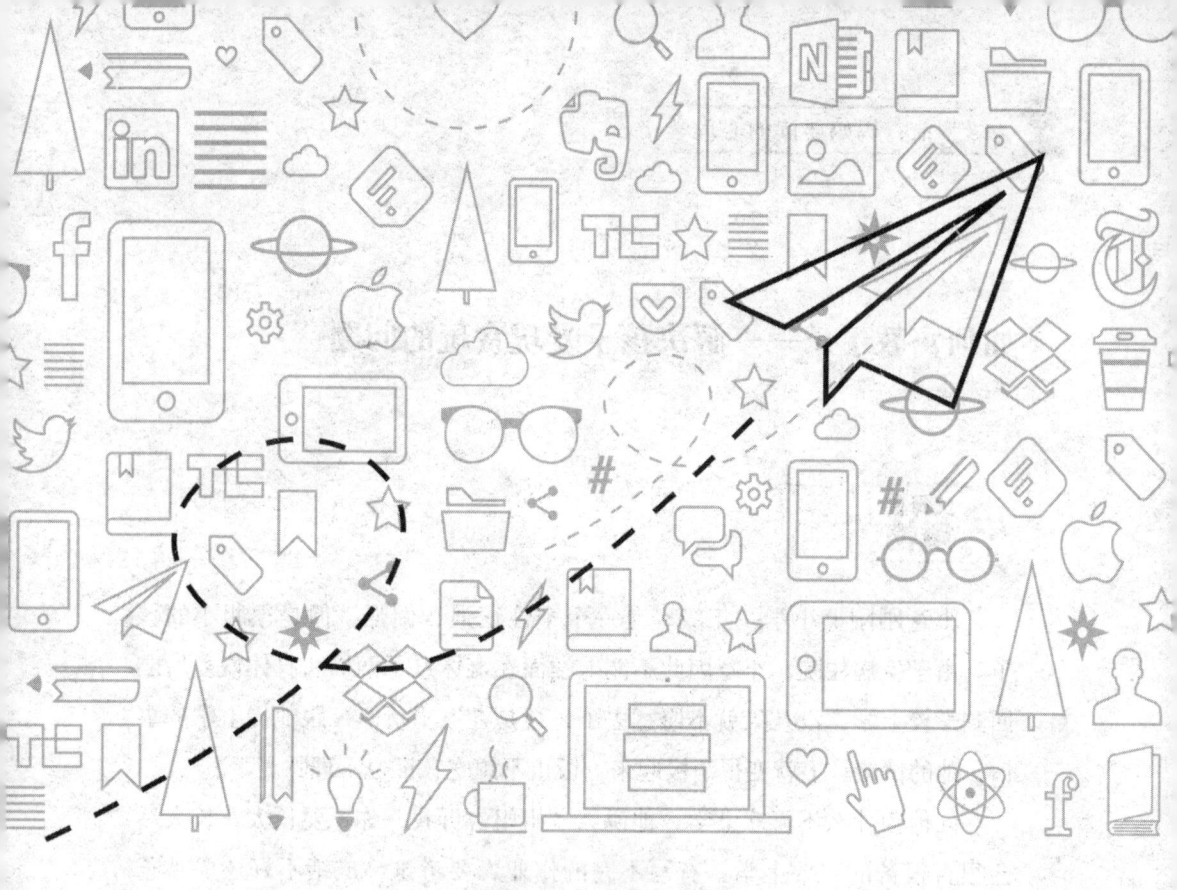

第6章

儿童学习心理学：
引导和培养孩子自主学习

越来越多的父母发现，孩子过于依赖父母和老师，他们不愿意自主学习。有些孩子甚至把学习当成父母和老师的任务，好似与自己无关。对此，父母应有意识地让孩子养成自主学习的好习惯，让孩子爱上学习。

如何寓教于乐——解决孩子爱玩贪玩的问题

> **父母的烦恼**

小童刚刚上小学一年级,是一个个性很强、倔强,但是很胆小的孩子。由于生病住院,小童因此不能上学而在家休息了两周。身体恢复后刚回到学校上学,没几天就不愿意去了,总是在家里玩。一跟他提上学的事情,他的情绪马上就变得消极起来,饭也不想吃,谁也不理睬。

问他为什么不喜欢上学,他说:"姐姐告诉我,你不要长大,长大后会很苦很苦的,要上学,有写不完的作业,要考试,成绩不好还要被爸爸打!"

如今,越来越流行一个新词汇,那就是"玩中学"。以前绝大多数父母认为娱乐和学习是矛盾的,现在却把两者结合起来,增加了学习的趣味性,减少了学习带来的枯燥,这样也更易于孩子接受新知识。"玩中学"就是指孩子在玩耍、娱乐中进行学习,既能让孩子玩得尽兴,还能让孩子学习新的知识。

有的父母总是忙着给孩子报各种补习班,尤其是在假期的时候,父母更是把孩子的时间排得满满的:周一语文,周二数学,周三英语,周四美术,周五舞蹈,周六钢琴,周日总复习。这样的做法就像把孩子关在了密不透风的"牢笼"中,学习的压力压得他们快喘不过气来。爱玩是孩子的天性,如果父母压抑了孩子的天性,就会挫伤他们对学习的热情。怎样让孩子既能快乐地放松,又能学到新知识呢?这就需要父母为孩子安排科学的学习计划,做到玩中学,学中玩。

❤ 心理支招

1. 以孩子的兴趣为主

父母要以孩子的兴趣为主,多征求孩子的意见,尽可能地满足孩子的兴趣爱好。有的孩子想学画画,认为画画就是很有趣的事情,那么父母就要给孩子留出画画的时间,而且父母可以通过"玩中学"的方式,让孩子对绘画中的线条、颜色敏感起来;有的孩子喜欢游泳,父母就尽量安排时间去陪伴孩子游泳,并且相应地把游泳相关的安全知识告诉孩子。父母不要让孩子去做他自己并不想做的事情,让孩子去学不想学的东西,这样只会浪费时间和金钱,收不到效果。

2. 寓教于乐

在课余时间,需要预习新的知识,这时候就需要父母帮助孩子把课本上那些枯燥的知识与生活知识有趣地结合起来。例如,只需要用生活中的简单工具就能解释"火山爆发"和"浮力"的原理。这样,孩子先把结论记住了,父母再讲原理就容易多了。孩子在"寓教于乐"中体会到了乐趣,就会提高学习兴趣。

另外,父母可以带着孩子一起参加诸如"环保嘉年华"这样的活动,其中设置了"森林警察""净化土地""天鹅回来""环保超人"等寓教于乐的互动游戏,很适合父母带着孩子参加。游戏对于孩子来说是诱惑很大的,而且在游戏的过程中还能让孩子学习新的知识,这也是父母的最大心愿。

3. 生活中有趣的知识

在假期或者周末,父母也可以带着孩子出去游玩,一方面可以让孩子放松心情、开阔视野,另一方面,可以让孩子在玩耍中学到更多有趣的生活知识。例如,一家人出去玩,妈妈可以让爸爸先走,过三十分钟后妈妈再和孩子一起走,在路上,妈妈就可以出一道相关的数学应用题了。这样一来将学习和生活紧密联系,孩子就会乐于开动脑筋得出答案。例如,妈妈带着孩子一起过马路的时候,看到马路上车很多,一辆挨着一辆,妈妈就可以让孩子用一个词语来形容这景象，妈妈也可以小小地提示"车水马龙"，并解释这个词语的意思，这时候孩子身临其境，就会记住一个新成语。有的男孩子有许多汽车玩具，爸爸可以和孩子一起玩交通游戏，并且不失时机地告诉孩子一些交通安全方面的知识。

这样一来，孩子就在玩耍中学到了新的知识，而且他们会把这些知识牢牢地记住。当然，无论是玩中学还是学中玩，父母应该积极引导孩子更多学习新的知识，而不是纯粹地玩耍，否则就会本末倒置，也收不到良好的效果。

如何交替学习——解决孩子注意力分散的问题

父母的烦恼

童童最近英语成绩有所下滑，许多简单的单词都老是记不住，几次小测验都分数很低，英语老师还反映童童经常在课上看课外书。妈妈很着急，有点生气地告诉童童："以后不准把课外书带到学校去，另外每天写完作业就背英语单词。"童童担心自己的英语成绩上不去了，心里也很焦虑，再加上妈妈施加的压力，他现在几乎看到英语单词都头晕。

有一次，在做单词听写测验时，童童连最简单的一个单词都拼写错了，妈妈知道后更加着急了。她急忙托同事找了个英语家教，安排每天下午五点到七点给童童补习英语。童童看到这样的阵势，脸上马上出现了不悦的神情。

父母会时刻关注孩子的学习情况，有时候，孩子可能在某一方面的学习成绩有所下降，父母就会重点关注那一方面的学习情况。例如，孩子的数学成绩有所下降了，父母就会让孩子在下一阶段天天学数学；有的父母则不会科学地安排学习计划，在周末或者假期的时候，父母可能会安排出这样的学习计划："周一数学，周二语文"，让孩子一整天都在学习某一科。其实，孩子的注意力还是比较分散的，而且长时间地学习一门功课，所收到的学习效果并不明显。另外，学习时间太长了，孩子也会觉得枯燥，不自觉地就会抱怨"又是数学啊""天天写这个，我都写烦了"，孩子的耐性是有限的，他们在不情愿地情况下学习，所获得学习效果也会很差。所以，父母在为孩子安排学习计划时要讲究科学性，不要盯着一科学到底，学会让孩子交替学习。

❤心理支招

1. 每一门功课的学习时间不宜过长

父母要科学地为孩子安排学习时间，每一门功课的学习时间不宜过长。例如，如果以一天作为孩子某门功课的学习时间就会显得太长，往往到了下午，孩子就没有耐心再学下去了。实际上，父母可以参考学校所列出的课程表，在一上午几乎没有重复的课程，这样让孩子在每一节课都能保持注意力。所以，父母在周末或者假期为孩子制订学习计划的时候，也要合理安排学习的时间，在学习主科的同时可以穿插一些音乐欣赏或者绘画之类的练习，一方面可以让孩子大脑得到休息，另一方面可以减少学习的枯燥性。

2. 各门功课交替学习

为了让孩子保持持续的注意力，父母可以利用各门功课的差别性来安排交替学习，这样可以有效地锻炼孩子的思维方式，也能让孩子的学习呈现出明显的效果。例如，父母可以让孩子在上午学习语文，余下的时间听听音乐；下午的时候学习数学，余下的时间练习画画。上午和下午安排两门不同思维的功课，让孩子觉得有一定的新鲜感。

父母都有这样的感觉，孩子在小时候就喜欢边学边玩，每次都要在父母监督下才能做完作业。实际上，这就是孩子们没有足够耐性的表现，而且他们的注意力比较分散。孩子进入小学后这样的情况还是会出现，只不过会有所好转。鉴于孩子这样的特点，父母就要灵活安排，各门功课交替学习，而不是一门功课学到底，这样的学习时间和学习方法符合孩子的特性，也能够收到良好的效果。

如何学以致用——让孩子明白读书是为了什么

父母的烦恼

君君今年上小学一年级了，不过他一点儿也不喜欢学习，每次妈妈喊他写作业，他总是马马虎虎的，一点儿也不认真；而且，写作业一写就是大半天，喜欢拖拖拉拉。平时在家里没事，他就喜欢把玩具拆了装、装了拆，妈妈用各种方式教育他，但基本没什么效果。

如果妈妈对他说："君君，你要好好读书，将来才会有出息。"君君则不屑地说："读书有什么好？读书有什么用？还没我一个人玩好呢。"

孩子开始学习较为系统的知识，虽然他们对未知的知识充满着强烈的好奇心，但是，年纪尚小的他们还没有认清学习的目的，也不知道自己学的这些知识到底是做什么用的。这时候就需要父母帮助孩子加强对知识的巩固，帮助孩子认清学习的目的，教会孩子学以致用，让孩子把那些在课堂上学到的知识应用到实际生活中，进而提高孩子的学习兴趣。

有的父母认为孩子学习的目的就是考名校、找好工作，忽视了学习的本质作用。他们给孩子所灌输的就是"学习成绩不好，就考不上学校，到时候你就没有未来"，这样一种耸人听闻的言论会让孩子感到学习的压力，他们会觉得那些书本中的知识是枯燥无用的，不过是为了考名校而已，而并不会为自己解决生活中的某些问题。在父母那种观念的渗透下，孩子丧失了对学习的兴趣，常常会疑惑"自己为什么学习，不断地学习是为了什么"。这时候，如果父母不及时向孩子表明学习的真正目的，就会让孩子找不到方向，也无法感受到学习的真谛。

❤心理支招

1. 让知识渗透到实际生活中

无论是数学还是语文，父母都可以把一些孩子已经学过的知识渗透到实际生活中来。例如，孩子在小学学过简单数学后，父母可以有意识地锻炼孩子的购买能力，让孩子独自去购买一些简单的东西，让孩子自己算账，这样一来，孩子就会明白那些看似复杂的加减法也会运用到现实生活中来。孩子们学习过的"孔融让梨"的故事，在家里吃东西的时候，可以让孩子来分配食物，并把"懂得谦让""尊老爱幼"的传统美德告诉孩子，让孩子明白即使在生活中，知识也是无处不在的。

2. 帮助孩子认清学习的目的

随着孩子年龄越来越大，孩子逐渐感受到了学习上的压力，这时候他们会觉得学习是一种负担，会抱怨"天天让我学，天天让我学，学烦了"。这时候父母可以告诉孩子学习的真正目的是实际应用，是为了解决生活中出现的种种问题。并且，父母可以教会孩子懂得学以致用，让孩子体会到学习在实际生活中的运用。虽然孩子不能完全地理解，但是，他们会觉得学习是很有用的。认清了学习的目的，孩子就会为了学习而不断努力，这也为他（她）以后树立良好的学习观奠定基础。

3. 巩固知识，加深对知识的理解

学以致用，就是把学习的知识应用到实际生活中去。系统知识的学习都有一定的阶段性，孩子很可能忘记以前所学过的知识。这时候，如果父母可以帮助孩子学以致用，就可以巩固学过的知识，加深记忆。时间长了，孩子也就懂得了学以致用的道理，他（她）会主动把学习的知识与实际生活联系起来，有效地提高学习能力。

如何纵向比较——让孩子看到自己的进步

父母的烦恼

最近，张妈妈发现孩子成绩有所下降，着急的她为了激发孩子的上进心，忍不住数落孩子："你怎么这么不争气呢，你看你同学丁丁多认真，听说这次考试他又是第一名，你要多向他学习，知道吗？"

"我觉得自己已经够努力了，怎么能把我跟丁丁比较呢，他每次都是第一名，我觉得他还是在原地踏步呢。"孩子不以为然地回答，妈妈没有想到孩子这样说话，她也有点激动了："妈妈这样跟你说，是因为许多小朋友都在努力，你当然也要努力点，否则就落后了，到时候成绩更差了怎么办？""哎呀，哎呀，知道了，你别说了，我知道了。"孩子不耐烦地咕哝了几句，就进屋了。

一位8岁孩子的父亲说，儿子唱歌得到了老师表扬，但他提醒孩子不要得意，理由是还有更优秀的孩子。听到了父亲这样的评价，孩子觉得很委屈。教育专家指出，许多父母看不到孩子的进步，总喜欢拿自己孩子的某个方面与更优秀的孩子比较，结果是越比越不满意，这样下去孩子的压力也会越来越大。其实，孩子最好不要比较，即便比较也最好纵向比，而不是横向比。

这里的纵向比就是指比较孩子自身的进步，只要孩子比昨天多了些进步，那就是一种收获；横向比，则是与同龄的孩子比较，许多父母总是以自己孩子某个方面与更优秀的孩子比较。对于这两种比较方法，可想而知，前者会让父母看到孩子的进步，后者会模糊孩子的明显进步，更提高了父母的期望值。孩子在纵向比中增强了自信心，却在横向比中丧失信心而变得自卑,所以,父母要关注到孩子的每一个细小的进步,进行纵向比而不是横向比。

心理支招

1. 看到自己孩子的优点

许多父母对于孩子的缺点数落不完,但是对于孩子的优点则说不上很多。其实,这就是很多父母只看到了孩子的缺点,而没有看到孩子的优点,即便发现了孩子的优点,父母也会横向比较,觉得孩子与更优秀的孩子相比还是有差距,这样一种心理会促使过高的期望值而模糊了父母的眼睛。所以,父母应该看到孩子的优点,只要孩子显露出了一个优点,那就是值得赞赏的地方。

2. 孩子细小的一步,也是值得称赞的一大步

与同龄最优秀的孩子相比,可能自己的孩子总是显得不那么突出,方方面面都差强人意。但是,比起孩子昨天的表现,他是否已经走出了细小的一步呢?以前他可能英语成绩不及格,但现在几乎都能跨过及格的大关,取得了良好的成绩,或许他离优秀还有一段距离,但是孩子的进步是明显可见的,因而这也是值得称赞的一大步。父母要善于去发现孩子每天的一点进步,可能他今天变得更有礼貌,他懂得了尊重他人,他开始学会关心妈妈了,等等。这种点点滴滴的进步看起来微不足道,却是孩子努力的结果,所以值得每一位关心孩子成长的父母进行大力的赞赏。

3. 降低自己的期望值

对孩子不满意的根源,就是父母有着过高的期望值。大多数父母会关注到其他孩子的成绩,继而对自己孩子不满意,这就是典型的横向比较。教育专家指出,父母对孩子不满意,可能会引发孩子的心理问题。当孩子所承受的心理压力过大却又找不到释放的渠道,就容易出现问题。这时候,父母要改变观念,好孩子的标准是既要学习好,又要身心健康、人格健全。父母要降低自己的期望值,鼓励孩子的点滴进步,平等地与孩子进行沟通,尽可能地避免自己使用刺激性的语言来对孩子造成伤害。

发挥目标效应——让孩子自我确立目标和实现目标

父母的烦恼

露露已经上小学四年级了，尽管她每天都会按时上学、放学、写作业，不过成绩总是不够理想。她好像已经习惯了及格的分数，再也不想往上努力。父母看到露露这样的情况很着急，经常会问："露露，难道你永远考这么少的分数吗？"露露毫不在意地回答："那你觉得呢？要不，我去哪里偷点分数来？"

爸爸妈妈对于露露这样的学习态度非常不满意，很烦恼。

成功的人生就是一个好的目标体系，当目标完全融入生活的时候，人生目标的达成就只剩下时间的问题了。尤其是处于学习阶段的孩子，父母更应该帮助其制定一些属于他们的目标。

每一位父母都关心孩子的学习，希望孩子能全方面地学习，但有的父母不得要领，事必躬亲，但是见不到成效。实际上，父母作为孩子成长的领航者，应该帮助孩子制订可行的学习目标和学习计划，以兴趣作为孩子最好的老师，让孩子在愉快中学习。

心理支招

1. 制订可行的学习计划

面对孩子的学习问题，有的父母觉得孩子还小，没有必要拟订什么学习计划，任他们自由发展就行了，这是非常错误的观点。虽然绝大多数孩子都有在父母帮助下制订的学习计划，但是往往不能成功地施行，主要原因在于他们的学习计划不合理，不是太空泛，就是太具体。

2. 学习计划要具备可操作性

有的父母制订的学习计划太空泛，没有任何具体可施行的操作性，所以，学习计划根本没有发挥出它应有的作用；有的父母制订的学习计划太具体了，甚至具体到几点几分做什么，孩子不是士兵，他们根本不可能这么严格地完成，结果慢了一步就会使其他部分受到影响，最终整个计划都无法完成。因此，合理可行的学习计划应该是"长计划，短安排"，合理支配孩子的时间，不能让孩子感到太忙碌，也不能太放松，最好让孩子"玩得痛快，学得踏实"，这样的一个学习计划最好由父母与孩子一起制订。

3. 制订合理的学习目标

许多父母认为孩子在小学一年级就应该取得优异的成绩，诸如科科都得满分，这在大人看来并不是一件难事。但是，并不是任何一个孩子都会认为小学一年级的课程相当简单，有的孩子也会感到一些难度。父母应该为孩子制订合理的学习目标，而不是强行地要求"你必须考到满分"，这样孩子就会感到很大的压力，孩子会不由自主地担心"要是我没有考到满分怎么办"。这样的忧虑心理将直接影响孩子的学习，也会使其产生一种厌烦情绪。父母应该让孩子明白，只要你比上一次进步就很好了，这样来勉励孩子不断地进步。

4. 养成良好的学习习惯

良好的学习习惯对于成功地完成一个学习计划是必不可少的。父母可以和孩子一起制定一个作息时间表，以此保证孩子每天都能有充足的睡眠。另外，孩子在小学阶段表现出的最大缺点就是注意力不集中，父母也可以有意识地培养孩子的专注力。时间由短到长，可以先从孩子比较感兴趣的事情开始训练；父母可以通过讲故事吸引孩子的注意力，并通过提问来使孩子集中注意力；在生活中，父母可以请孩子帮忙拿一些东西，由一件到多件，让孩子一次性完成，例如"请你帮我拿一个梨子、两个苹果、一把水果刀和一些牙签"。

另外，在实行学习计划的过程中，还需要注意几个问题。孩子在做作业的时候，需要有时间概念，不能一道题就做很久；尽量不要在孩子的学习时间打扰他们；帮助孩子不要受到各方面的干扰，例如不要在书桌上放一些玩具和零食；刚开始的时候，父母可以监督和指导孩子学习，渐渐的就要有意识地培养孩子的自觉性，培养孩子独立做作业的习惯。

发挥兴趣效应——找准孩子的兴趣点并加以引导

父母的烦恼

阳阳12岁，刚上初一。他小学的成绩还可以，在班级中处于中等水平。自从上了初中之后，经常因为考试成绩不好而被父母责骂。

由于阳阳住校，每个月才回家一次，老师经常与他的父母联系，反映孩子学习过程中学习态度很不端正，经常在上课时间无精打采，提不起学习兴趣，而且经常旷课在宿舍睡觉，逃课和一群朋友出去上网。这样的行为屡教不改，甚至班主任请阳阳父母到学校进行面谈，不过阳阳的表现并没有多大的改善。

爸爸问阳阳："你为什么总是这样？"阳阳回答说："我讨厌读书，我讨厌学习。"事实上，平时阳阳很喜欢画画，他以前曾跟爸爸提过自己要学画画，却被爸爸一句"画画可以让你吃饱饭吗"反驳了回来。

心理学家认为，每一个孩子都有强烈的好奇心，面对着世间万物，他们那小小的心灵更是充满了好奇与渴望。作为父母，应该寻找出孩子的兴趣点，帮助孩子挖掘出巨大的潜能。有的父母要求孩子练钢琴、学画画、背唐诗，不管孩子是否喜欢，强迫孩子完成练习。

其实，这样会在无形之中扼杀孩子的兴趣爱好，压制了孩子的天性，会使孩子产生一种逆反情绪。这样做不但不会促进孩子的健康成长，反而会害了孩子。那么，如何帮助孩子寻找兴趣点呢？

1. 兴趣是最好的老师

其实，兴趣对于孩子来说是一种重要的非智力因素，对其今后一生的发展都有决定性作用。如果一个孩子有了强烈的兴趣和求知欲，就会努力学习，积极主动探索，进而爆发出前所未有的潜能。正所谓"兴趣才是最好的老师"，如果孩子根本没有任何兴趣，而父母强行让孩子学习也不会有成效。许多人的成才都说明了这一点，牛顿小时候对机械很感兴趣，喜欢拆钟表、风车，正是由于强烈的兴趣，牛顿成功地发现了力学三大定律和万有引力定律。所以，对于父母来说，培养孩子的兴趣十分重要，只有这样才有利于孩子的学习。

2. 如何培养孩子的兴趣

每个孩子都有感兴趣的东西，这时候父母要加以正确引导，使之发展成爱好。但是，孩子所感兴趣的东西不是固定的，具有多变性，可能他今天喜欢画画，明天喜欢唱歌，后天又喜欢上钢琴了。父母面对这样的情况可能就没有办法了，认为孩子不能成才。其实，父母应该耐心等待，帮助孩子确立一个较为稳定的兴趣，并在这一兴趣上多花一些工夫，充分创造条件，加以鼓励，使兴趣成为孩子的特长。当孩子觉得厌烦而想放弃的时候，父母也要鼓励孩子战胜困难，在兴趣中取得成绩。

3. 捕捉孩子的兴趣

父母要善于捕捉孩子的兴趣，对孩子多进行仔细的观察，发现孩子的兴趣就要正确引导。若孩子性格有些内向，父母需要主动与孩子交谈，明白他（她）所感兴趣的是什么，寻找其兴趣点；有的孩子兴趣比较强烈，经常不顾场合就表现出来，这时候父母也要循循善诱，不要压制孩子的兴趣，应把那强烈的兴趣发展成为爱好和特长，使孩子在擅长的方面有所成就。

4. 引导孩子的兴趣

另外，父母对于孩子的兴趣要加以引导，而不能凭着自己的意愿，例如社会潮流、自己的职业、偏爱而强行决定。如果违背了孩子的意愿和兴趣，强迫孩子做他（她）并不感兴趣的事情，也不会取得很好的效果。当孩子对某一事物的兴趣过于强烈，以致影响了学习，这时候父母也要帮助孩子分清主次，向孩子讲清楚，只有做好功课，才能进行深入研究，使孩子把兴趣和学习结合起来，共同发展。

第 7 章

儿童积极心理学：
从小就塑造孩子的阳光心态

如何让孩子在学习上拥有最大的积极性？心理学家建议：父母不应该只充当"望子成龙"的传统父母角色，而应该成为孩子成长过程中的心灵导师和顾问，为孩子的心理融入一些快乐的生活体验，给孩子一个为兴趣和梦想而快乐表演的童年梦。

赏识教育——好孩子都是夸出来的

父母的烦恼

小豆刚上小学一年级，每次放学回家都不认真写作业，妈妈大声斥责，小豆也一副无所谓的样子。这可把妈妈惹生气了，她忍不住用手打了孩子。最后，小豆老老实实地坐在那里写作业了，可是，当妈妈检查作业的时候，发现字迹马虎潦草，还有好几处都出现了不应该的错误。看到这样的结果，妈妈更加生气，又开始训斥小豆……

时间长了，妈妈发现小豆越来越不听话，他总是调皮捣蛋，不认真完成作业，而且学会了撒谎。以前孩子可不这样啊？妈妈为此苦恼极了。

关于怎样教育好孩子，对每一位父母来说都是很棘手的问题，尤其是面对逐渐变得叛逆的孩子，许多父母感觉很无奈。打也打了，骂也骂了，可就是不见效果，孩子总是不听话。其实，随着年龄的增加，孩子越来越叛逆，凡事都喜欢和父母唱反调，而且父母越打骂他就越嚣张。有父母抱怨"我已经管不了他了"，难道问题真的那么严重吗？

心理学家建议：父母要想教育好孩子，就要在孩子面前多夸夸他的优点。俗话说："好孩子是夸出来的。"这也是无数父母从亲身实践中总结出来的经验，孩子"爱玩、调皮、叛逆"，这都是一个正常孩子的天性，父母需要循循善诱，切不可发生正面冲突。如果父母还沿用"棍棒教育"，让孩子屈服于父母威严之下，那么这样只会让孩子更加反感，不仅会影响亲子关系，对孩子的一生也会产生不良的影响。父母应该以另外一个角度来看待自己的孩子，多看到孩子的闪光点，进行正面引导，这样孩子就会在夸奖赞扬中逐渐改变那些不良的习惯，而且还能够树立起自信心、上进心，形成良好的行为习惯。

❤心理支招

1. 摒弃"棍棒教育"，以赏识教育为主

随着社会的进步，人们观念在发生改变，许多父母都认识到了"棍棒教育"带来的弊端，并逐渐以赏识教育为主。的确，赏识教育作为新兴的一种教育方式，它主要是赏识孩子的行为结果，以强化孩子的行为；同时赏识孩子的行为过程，以激发孩子的兴趣和动机。赏识教育是一种尊重生命规律的教育，逐渐调整了无数父母家庭教育中的"功利心态"，使家庭教育趋向于人性化、人文化的素质教育。所以，父母在家庭教育中，应该摒弃落后的教育观念，以赏识教育为主，这样才有利于培养孩子良好的行为习惯。

2. 多发现孩子身上的闪光点

一个孩子可能会很调皮，也可能学习成绩很差，但是父母不要只看到孩子的缺点，而忽视了孩子的闪光点。每一个孩子都有自己的闪光点，只要父母用心观察，一定能在生活的点点滴滴中发现。可能他比较调皮，但计算能力很强；他语言能力也不错，还可以自己编故事；他的绘画也很不错，所画的作品还在班上展出过。这样一想，就发现夸奖孩子其实并不难。

只要孩子有一点点进步，父母都不要忽视，要给予真诚的表扬。"你今天一回家就开始写作业了，这个习惯真好，我相信你会天天这样做，是吗？""今天你跟爷爷说话时用了'您'，语气也比以前更有礼貌了，很不错。"时间长了，就会发现孩子在一次次的夸奖中变得越来越有自信了，学习的兴趣也一天比一天浓厚，行为习惯也一天比一天好。

3. 任何时候都要注意说话的语气

随着年龄的增长，孩子的自我意识越来越强，他也有自己的自尊心，也有自己的面子。但许多父母还是把孩子当作什么都不懂的孩子，对孩子说话时从来不考虑自己的语气。这时候，孩子是比较敏感的，父母稍微有种不耐烦的口气，孩子也能感觉到，他会觉得自尊心受伤害；如果父母当着许多人的面数落孩子的缺点，这更会让孩子觉得无地自容。所以，在任何时候父母都要注意自己对孩子说话的语气，以夸奖激励为主，切忌语气太重；另外，在外人面前也千万不要数落孩子的缺点，这会让孩子变得自卑。

4. 当孩子取得了成绩，应给予大方的夸奖

有时候，孩子取得了不错的成绩，父母心里虽然也很高兴，但总是给孩子浇一盆冷水，"这次成绩还行，可你同桌比你考得更好。"这样一个转折一下子就打击了孩子的自信心。对于孩子来说，他们的心理还很简单，他们只希望得到父母的夸奖，如果父母有一点点否定，就觉得没有了自信心，进而产生自卑的心理。所以，当孩子取得了成绩，父母千万不要浇冷水，要给予大方的夸奖，增强孩子的上进心。

当然，"好孩子是夸出来的"并不是完全正确的，教育孩子一味地靠夸奖也是远远不够的。而且，有的父母更是坚持"孩子都是自家乖"，这样一味娇宠，对孩子的成长也是极为不利的。无论是夸奖还是批评，都应该是适当的，父母不能把孩子捧得过高，这样假如一不小心摔下来了，孩子和父母都是承受不起的。好孩子是夸出来的，父母更要拿捏好"夸"的度，这样才能培养孩子良好的行为习惯。

引导孩子乐观地看待生活

父母的烦恼

这些天一直下雨，萌萌几乎一个星期没有外出活动了，萌萌开始对妈妈抱怨："春天来了怎么还这么冷啊？这雨老是下，下得我心里好烦。"说完，烦闷地扔掉了正在玩的小汽车。听了萌萌的话，妈妈很没好气地说："你一个小孩子，烦什么？有什么可烦的？"萌萌一脸幽怨："哎

呀，你不懂啦！"

　　每天早上，妈妈骑自行车去送萌萌上学都要经过一个十字路口，可是，每次经过那里的时候几乎都是红灯。时间长了，萌萌就开始抱怨："妈妈，我们每次都这么倒霉，没有哪一次遇到绿灯。"妈妈叹了口气，心想：这孩子怎么看什么事情都不顺眼呢？

　　其实，影响孩子情绪的都是一些日常生活中的小事情，如果父母能够引导孩子换一个角度去看待它，也许就没有那么悲观了，孩子也会以乐观的心态来面对生活。对于正在成长中的孩子来说，乐观具有深远的意义，它会渗透到孩子的一生，影响孩子一生的幸福。乐观的心态可以诱发孩子采取行动的强烈动机，也可以给孩子提供充满勇气、战胜困难的力量。在家庭教育中，父母要给予孩子希望和正确引导，让孩子能够带着积极乐观的心态成长。

　　一位教育专家曾说："培养笑容就是培养心灵。把孩子培养成面带笑容的孩子，就是把孩子培养成为乐观、进取的人的重要条件之一。"乐观的心态、自信的笑容，这对于任何一个人来说都是不可或缺的财富。父母在培养孩子的心理素质和性格的过程中，乐观心态的培养是一个必不可少的部分。孩子乐观开朗的性格并不是天生的，所以，父母的教育和培养对孩子养成乐观的性格是十分重要的。孩子的乐观心态首先源于父母，源于家庭，所以，培养孩子乐观的心态，首先就要从父母自身做起。

❤心理支招

1. 营造快乐自信的家庭氛围

　　一个自信乐观的家庭，总是能够培养出言行乐观的孩子，因为父母总是能够为孩子营造出积极乐观的氛围。也许有的孩子天生就比较乐观，有的孩子则相反，但一些心理学家认为乐观的心态是可以培养的。即便孩子天生不具备乐观的心态，也可以通过后天来培养。因此，培养孩子乐观的心态，就需要父母为孩子营造出快乐自信的家庭氛围，让孩子快乐地学习和生活，教会孩子正确面对批评和挫折，帮助孩子克服悲观情绪，多给孩子鼓励与赞赏，多给孩子温暖与笑容，这样孩子就会逐渐形成开朗、乐观的性格。

2. 父母要崇尚乐观主义

孩子的模仿能力极强，他（她）可以把父母的优点和缺点一起吸收。如果父母是悲观主义者，孩子就会受影响，以悲观态度来看待问题；如果父母希望孩子以乐观的态度来看待问题，就要改变自己的思想和行为习惯。父母不仅要在孩子面前表现出乐观的心态，更重要的是真正拥有乐观的心态。

3. 让孩子以乐观的态度看问题，培养孩子多方面的兴趣爱好

一个孩子的成长健康与否，与其心态有很大的关系，孩子良好的心态会给他（她）带来健康的身体、健全的人格。如果父母能够有意识地培养孩子广泛的兴趣和爱好，就可以让他（她）对生活充满了向往。父母要鼓励孩子去做有兴趣的事情，对于他（她）不感兴趣的事情，父母不要勉强，尽可能地让他（她）自由发展；让孩子参加集体活动，让孩子感受来自同伴的积极压力，将孩子的锻炼与兴趣结合起来。孩子拥有越来越多的成就感，极大地增强了自信心，就会逐渐形成乐观的心态。

4. 换一种角度向孩子解释事情的真相

有时候，当事实无法改变时，父母可以给孩子不一样的说法。当父母对孩子说："现在爸爸要写一份材料，爸爸的工作很忙。"这样会让孩子觉得爸爸很能干，工作也很重要。如果父母对孩子说："真可恶，爸爸还得写一份该死的材料。"孩子会觉得爸爸是不情愿写材料的，但却不得不写，这就留给孩子一种阴影。

著名教育学家塞利格曼曾说："父母教育孩子的方式正确与否，显著地影响着孩子日后性格是乐观还是悲观。"所以，作为父母，一定要传达给孩子积极乐观的情绪，让孩子在乐观中找到生活的自信，让孩子以乐观的心态去看待身边的一切。

5. 不要在孩子面前表现难过的情绪

父母不要因为孩子的一时挫折就表现出难过的情绪。例如孩子成绩下

降了，父母若表现得过分紧张和难过，就会影响孩子的情绪，也增加了孩子的心理压力。所以，不要在孩子面前表露出难过的情绪，也不要对孩子的受挫进行处罚、挖苦以及责骂，父母不妨以幽默的方式，尽可能地把自己的乐观情绪传达给孩子。

培养孩子自我反省的习惯

父母的烦恼

孩子每次考试失利，他都不懂得反思自己存在的不足，反而一味地向我抱怨"这次老师制卷子太严了，不然那两分都不会被扣。""这次真倒霉，我随便蒙的答案全都错了，只能说我运气太差了。"如果我说："难道就没有你自己的原因吗？"孩子则会一脸无辜地表示："我最大的原因就是太认真了。"

有时候带着孩子出去，因为孩子拖拖拉拉而没能坐上早班公交车，这时孩子会抱怨："司机叔叔怎么这样不负责任，没看到我在后面招手吗？肯定是故意不等我的。"有时候看到孩子这样不懂得自我反省，每次都胡乱找借口，我真的很担心。

海涅曾经说："反省是一面镜子，它能将我们的错误清清楚楚地照出来，让我们认真地思考自己的行为，并给我们改正的机会。"自我反省就是常常冷静地思考自己的言行，寻找自己所作所为中存在的不足和错误。一个人会不断地取得进步，就在于他能够不断地自我反省，善于认识到自己的缺点和不足之处，并及时采取措施进行弥补。自我反省是一种良好的行为习惯，也是每一个处在成长期的孩子所需要具备的一种良好习惯。如果一个孩子不懂得自我反省，他就会一次又一次地重复相同的错误，在原地踏步，难以取得进步。相反，如果孩子懂得了自我反省，他就会认真思考自己身上的不足之处，会更加注意下次不再犯同样或类似的错误。

爱默生曾说："人类唯一的责任就是对自己真实，自省不仅不会使他孤立，反而会带领他进入一个伟大的领域。"小孩子总是习惯性地为自己找借口，害怕承认自己的错误，需要父母有意识地让孩子养成良好的自我反省的习惯，鼓励孩子对自己的行为进行反思，看看自己的所作所为是否违背了社会规范，是否存在着种种不足。自我反省的习惯对于孩子一生的发展都具有着积极的意义，所以，父母应该在家庭教育中有意识地鼓励孩子做自我反省。

❤心理支招

1.父母做好榜样

父母是孩子重要的模仿对象，父母的言行对孩子影响很大。在日常生活中，父母要做好榜样，即便父母犯了错误也要自我反省，这样会给孩子树立良好的榜样，有利于培养孩子优秀的自我反省习惯。有的父母认为自己毕竟是大人，做错了事情羞于认错，而且认为在孩子面前认错是难为情的事情。实际上，父母做错了也要敢于承认，及时进行自我反省，特别是在孩子面前，这样才能积极地影响孩子。例如，有时候父母也会误会孩子，这时不要试图在孩子面前敷衍了事，而应该真诚地向孩子道歉。

2.让孩子以平常心面对批评

虽然在很多时候我们都提倡鼓励教育，总是说"好孩子是夸出来的"，但一味地鼓励与夸奖也是错误的。另外，如果孩子经常得到表扬，时间长了，他就很难接受别人的批评了。因而，批评与赞赏一样，都是父母需要的教育方式。当然，无论赞赏还是批评都应是适当的，父母不要大声斥责，只需要让孩子知道了自己错在哪里就可以了。父母要正面引导孩子坦然接受别人的批评，以"有则改之，无则加勉"的心态来接受批评。

3.理智对待孩子的错误

当孩子犯了错之后，父母不要对孩子横加指责，而是应该允许孩子做出解释。当父母了解了事情的真相，只需要平静地指出孩子的错误，引导孩子进行自我反省。这样可以激发孩子纠正错误的行为，在以后的生活中，孩子就会少犯或者不犯类似的错误。有的父母在孩子犯了错之后，往往会耐不住性子，对孩子不是打就是骂，实际上这样很不利培养孩子的自我反省能力习惯。父母千万不要一上来就斥责、恐吓孩子，这样只会让自己的暴躁脾气扼杀了孩子的自我反省能力。父母只有冷静理智地对待孩子的错误，才有利于孩子逐渐养成自我反省的习惯。

4. 培养孩子"每天自省"的良好习惯

子曰："吾日三省吾身，为人谋而不忠乎？与朋友交而不信乎？传不习乎？"父母可以引导孩子每天都反思一下自己的所作所为，总结一下自己的行为表现，想象自己有哪些是做得不对的，哪些是需要改进的，且应该怎样改正和挽回那些错误。让孩子养成这样一种习惯，时间长了，孩子就不会犯同样或类似的错误，而且也能够分辨是非真伪了。

挫折教育——让孩子正确面对困境

父母的烦恼

女儿带自己的小姐妹来家里玩，她们两个一起画画，我看到那小朋友的画不错，就表扬了一句："小姑娘画的房子真漂亮。"女儿听到后，不高兴地走到另外一个房间，我没理她。这时那个小朋友说要玩具，我就把女儿平时玩的积木给她，后来女儿过来看到后更加不高兴了，又走了，直到那个小朋友被妈妈接走，女儿也没从房间里出来。

后来，女儿莫名其妙就哭了，哭得很伤心，我问她为什么，她说："你说她画得好，我也画得很好啊，但你为什么不表扬我呢？我要做一个不听话的坏孩子。"我愣了，女儿又很委屈地说："你拿玩具给她玩，又不给我拿。"我解释说："因为她是客人，所以妈妈拿玩具给她玩。"女儿委屈地说："可我是你的女儿，为什么你不拿给我呢？"

现在的孩子大多是在万千宠爱中长大的，在他们身上显现出任性、脆弱、自我、依赖性强、独立性差等特点。有的孩子就像温室里的花朵，经不起外界的风吹雨打。在这时候，如果不进行适当的挫折教育，就会使他们的性格越来越脆弱，心理承受能力也越来越差。

孩子的生活和受教育条件越来越好，但孩子们的身心承受能力越来越差。常常有报导说孩子因为受批评而选择离家出走或者自杀，其中的关键原因就是孩子生活太顺利了，缺乏相应的挫折教育。挫折教育就是指家长有意识地创设一些困境，教孩子独立去对待、去克服，让孩子在困难环境中经受磨炼，摆脱困境，培养出一种迎着困难而上的坚强意志及吃苦耐劳的精神。

❤心理支招

1. 对孩子，要多肯定与鼓励

当孩子遇到挫折和困难的时候，父母应该及时地肯定鼓励孩子，给予孩子安慰和必要的帮助，使孩子不至于感到孤独无助。这时候，父母不要用一些消极否定的语言来评价孩子，如"你真是太笨了，这么简单的事情都做不好""做不好就不要再做了"等，这些话会强化孩子的自卑与挫败感，下次再面对挫折与困难，他就更加没有信心了。父母可以采用一些积极肯定的评价，给予孩子自信，使孩子意识到自己的努力是受到肯定和赞扬的，没有必要害怕失败，继而逐渐学会承受和应付各种困难与挫折。

2. 给孩子适当的压力

父母可以给予适当的压力，让孩子自己来处理一些问题，让孩子适应人生阶段性的挫折，并从挫折中找到解决的办法。如果孩子面临了压力，父母可以帮助孩子进行心理疏导，但决不能大包大揽，让孩子觉得压力是与自己无关的。有的父母对孩子的赏识教育过头了，让孩子觉得自己是世界上最好的、无往不胜的，无法承受批评和失败。这样不能接受批评、不能承受压力的孩子，他们在未来的生活中必定是充满着痛苦的，甚至有可能被压力所吞噬。

3. 引导孩子正确对待挫折

小孩子对周围的人和事物的态度往往是不稳定的，他们容易受情绪等因素的影响。因而，他们在遇到困难与挫折的时候，也往往会产生消极情绪，不能正确地面对挫折。这时候，需要父母及时地告诉孩子"失败并不可怕，只要勇敢向前，一定能做好的"，父母有意识地让孩子把失败当作一次尝试的机会，引导孩子重新鼓起勇气再次尝试。同时，父母还应该教育孩子勇敢地面对挫折与困难，增强抗挫折的能力。

4. 适当地批评

批评和表扬一样，都伴随了孩子成长的一生。有的父母怕孩子受委屈，即便孩子做错了事情，也从来不会批评孩子，这样时间长了，就使孩子养成了只听得进表扬的话，而不能接受批评的不良习惯。其实，父母应该让孩子认识到每个人都是有缺点的，有的缺点可能是自己不知道的，但别人很容易发现，只有当别人在批评自己时，自己才知道错在哪里。这样让孩子明白有了缺点并不可怕，只要勇于改正就是好孩子。

5. 挫折教育也需要顺应孩子的个性

任何教育都要考虑到孩子的心理特点以及个性特点，不同的孩子面对挫折教育会反映出不同的心理。所以，父母对孩子所进行的挫折教育也需要因人而异。有的孩子自尊心比较强，爱面子，遇到挫折时会很沮丧，对这样的孩子父母不要过多批评，点到为止即可；有的孩子比较自卑，父母要多安慰、少指责，善于发现他们的闪光点。另外，父母还要有意识地依据孩子的抵抗挫折能力进行教育，有的孩子能力较强，父母只要适当地启发，放手让孩子自己去解决问题；有的孩子能力较弱，父母可以帮助孩子制订一定的计划，使孩子不断地看到自己的进步，继而逐渐形成克服困难和挫折的能力。

走入孩子的内心，了解他的需求

父母的烦恼

一天，孩子放学回家后若无其事地告诉妈妈："今天上午上数学课的时候，我居然睡着了。"上课的时候居然睡觉？妈妈听到这话就生气了："上课时睡觉，你说我辛辛苦苦挣钱供你读书，你就这样做？"孩子有些委屈："我觉得困了就小睡了一会儿，醒来看见老师正在讲课，我都不知道自己睡了多久，也没人叫我。""睡觉，睡觉，我让你睡觉！"妈妈开始拿着鸡毛掸子打孩子，孩子开始哭起来。

过了一周学校开家长会，老师向妈妈反映："孩子很喜欢上课时睡觉，当着全面同学的面都批评了好几次，他还是这样，一点儿也不改进，希望你们可以敦促一下。"妈妈回到家，对孩子又是一顿打骂，但是孩子挂满泪水的脸有一丝幸灾乐祸的笑容。

常常听到孩子这样抱怨："父母根本不理解我们的需要，他们想说的就说个没完，而我想说的他们却心不在焉。"孩子有着这样的烦恼是普遍存在的，其实，孩子内心里有着许多想法，他们也有欢乐、有苦恼、有意见，如果父母没能主动走入孩子的内心世界，孩子有了意见没有得到及时的交流，那么父母与孩子之间的鸿沟就会越来越大。父母埋怨"孩子不理解自己的一片苦心"，孩子也抱怨"父母根本不了解自己"。孩子在这一阶段已经逐渐有了自己的内心小世界，由于惧怕、害羞等多种原因，他们会封闭自己的内心世界，不会轻易向父母吐露自己的内心想法。这时候，就需要父母主动走入孩子的内心世界，了解孩子所思所想，读懂孩子的烦恼与快乐，真正成为孩子的知心朋友。

心理学家认为，父母与孩子之间的沟通，孩子是掌握着主动权的，因而有的父母就会说"他心里有什么想法，那也得开口向我说，否则我怎么能走进他的内心世界呢？"其实，孩子心中都有一定的惧怕心理和羞涩心理，自己即便有一些想法，他也不会主动告诉父母，而是需要父母诱导孩子说出来，或者父母通过自己的方式来了解孩子，走进孩子的内心世界。教育专家认为，要想走进孩子的内心世界，就要和孩子交朋友。

❤心理支招

1. 主动与老师沟通

有的父母没有主动与老师沟通的习惯，他们认为孩子在学校就应该由学校来负责，如果孩子有了什么事情，老师会主动联系自己的。其实，每个班级有那么多学生，老师根本不会顾及到每一个学生，这就需要父母主动与老师交流。这样，父母能及时地了解孩子的学习情况和思想情况，还能够积极主动配合老师对孩子存在的问题进行及时纠正，便于父母与孩子进行顺畅沟通，了解孩子最近的表现，有助于走进孩子的内心世界。

2. 冷静处理孩子的犯错

明明知道孩子做错了，父母也应该保持冷静的心态，冷静地处理孩子的犯错行为。这时候，如果父母的情绪失控就意味着中断了自己与孩子的谈话，在孩子内心他是不希望看到父母失望的，一旦父母表现出过分的失望和担忧，就会造成孩子隐瞒真实想法的严重后果。所以，当孩子犯了错误，父母要为孩子设身处地着想，不要表现出过分担忧，不要对孩子的所作所为大肆发表自己的意见或者大声指责，这样孩子就会对父母说出自己内心的想法和秘密。

3. 了解孩子的内心世界

有的时候，孩子并不愿意向父母坦白自己的想法和意见，甚至也不愿意与自己的好朋友交流，他们喜欢写成作文和日记。这时候，父母可以从孩子的作文和日记中了解孩子的内心世界。当然，看孩子的作文和日记，一定要征求孩子的同意，毕竟日记是孩子的隐私，暴露出来是需要勇气的，这需要父母理解。

4. 与孩子成为朋友

父母要想主动走进孩子的内心世界，就要与孩子进行密切接触，消除距离感，成为"零距离"的知心朋友，这样孩子才会把自己的一些想法告诉父母。这时候，孩子不把父母当作高高在上的父母，而是当成一个可以交心换心的好朋友，孩子对父母不会保留自己的秘密。

5. 重视孩子的内心需要与感受

父母需要重视孩子的内心需要与感受，体会孩子的心声、苦恼，鼓励孩子表明自己的想法和感受。有时候，父母可能会不赞同孩子的一些行为，但是孩子内心的感受也是可以理解的。父母要明确，孩子对事物的感受或心理活动往往比他的思想更能引发他的行为。所以，父母应该重视孩子的感受，并对他的感受认真加以理解和评价，这样会促使孩子在父母面前展露一个真实的内心世界。

积极营造和谐温馨的家庭氛围

父母的烦恼

吃晚饭时，妈妈和爸爸两人商量在哪家过年，妈妈一边夹菜一边笑着说："昨天妈妈就打电话来说，让我们早点回去，可以让孩子看一下杀过年猪，他还从来没有见过哩。"爸爸叹了一口气："每年都在你家过，啥时候回咱们那个老家啊？""这不为了孩子嘛，你们家离得远，回去一趟不方便，都累得人仰马翻，谁还有心情玩啊。"妈妈辩解，爸爸把刚拿起的筷子又放下了："可昨天爸爸也打电话给我说，今年无论如何得回家过年，爸这么大年纪，我们都两年没有在家过年了，他们也想念孩子。""我说你这人怎么这样啊，不是说好今年在我家过吗，我都跟妈妈说好了，到暑假再让孩子去爷爷家玩吧。"妈妈有点不耐烦了，"什么时候说好了，我同意了吗？"爸爸也提高了声音。

于是，在你一句我一句的争执中，两人吵了起来。孩子有点害怕地看着爸爸妈妈，小声喊道："爸爸妈妈，你们别吵了。"可是，正吵得厉害的两人哪听得到孩子的说话，一个比一个声音大。爸爸把门一摔，出去了，争吵这才停了下来，妈妈委屈地流下眼泪。

许多教育专家都在强调，家庭对于孩子教育的重要性。作为家庭主要成员的父母，更是担负着家庭教育的重任。在这其中，为孩子营造一个和谐的家庭环境成为了家庭教育的重中之重。家庭是孩子日常生活中最理想的港湾，它是遮风挡雨的场所，也是孕育希望和放飞理想的土地。一个和谐的家庭环境，可以帮助孩子忘却疲劳、紧张和烦恼，这时候家庭成为了孩子前进的加油站。孩子会在一个和谐的家庭环境里获得生机与活力，在父母那里获取信心和勇气。因此，父母要做好孩子的优秀表率，首先就体现在营造和谐的家庭环境。

和谐的家庭环境，心理学家是这样概括的：家庭成员之间配合得非常合适，心往一处想，劲往一处使。在这样和谐家庭环境中成长的孩子，他们没有心理上的压力，各方面都能够得到健康的发展。家庭是孩子成长的第一环境，孩子未来的精神风貌来自于和谐家庭的教育。如果孩子处于和谐家庭环境中，他就会表现为精神振奋、性格开朗、活泼乐观，浑身充满了自信；反之，如果孩子处于一个压抑的家庭氛围中，他就会表现得性格内向、缺乏热情、感情脆弱，有可能还会造成严重的心理障碍，出现抑郁症等心理疾病，这时候，父母与孩子之间也形成了思想上的代沟与隔阂。

生活在什么样的家庭，孩子就向着什么样的方向发展。在缺乏和谐的家庭中成长的孩子，他们的身心得不到健康的发展，继而影响到他们的未来一生。据调查，那些不够和谐和不完整的家庭很容易造成孩子的畸形发展。因此，为孩子营造和谐的家庭环境，是父母的首要任务。

❤心理支招

1. 父母应互相谦让，和谐相处

若一个家庭吵架不断，父母之间不能互相宽容，常常因为一件小事就争吵，甚至动手打架，孩子处于这样的环境，就会感到烦躁，时间长了，在孩子性格上也会烙下不良的印记。所以，作为父母，应该互相谦让，和谐相处，一家人感情融洽，互相尊重，这样和谐的家庭环境让孩子感到舒心，促进孩子健康成长。并且，父母的行为会影响到孩子，让他懂得关心别人、尊重别人。父母之间需要和谐相处，避免矛盾，减少争执，让孩子有一个和谐温暖的家庭。

2. 和孩子做朋友

父母要多站在孩子的角度来考虑问题，体会他们那个年龄阶段的心态，这样就可以进行和谐的沟通。有的父母认为孩子很小，擅自剥夺了孩子的权利。其实，父母要做到家庭成员人人平等，创造出一种民主的家庭氛围，少一些专制。当父母言行不当的时候，也要虚心接受孩子的建议。如果孩子做错了事情，父母则要耐心指导，不要急躁，也不要对孩子发脾气。为了孩子的健康成长，努力营造和谐的家庭环境，给孩子多一丝微笑与鼓励，多一些夸奖。

3. 为孩子创造温暖舒适的环境

不管父母的经济条件如何，都要努力为孩子创造温暖舒适的家庭环境。家庭环境的舒适并不需要贫富来体现，而是由内而外的温暖与舒适。条件一般的父母，只要用心打理也能创造出一个良好的环境；富裕的父母，不仅要给孩子提供良好的环境，还需要把心的温暖带给孩子。

4. 父母应该多给孩子一些关爱

来自父母的关怀能够激发孩子对生活的信心和热爱，父母应该多给孩子一些关爱。但是，这样的关爱并不是没有节制的溺爱，而是有原则的关爱，重点放在孩子的学习和生活上。虽然，今天的孩子不愁吃穿，但他们仍需要生活上的关心以及学习上的关注。尤其是当孩子遭遇挫折和失败的时候，更应该让孩子感受到父母爱的存在。

第 8 章

儿童的心理障碍：
引导和帮助孩子克服缺陷

孩子的心理障碍，指的是儿童期因某种生理缺陷、功能障碍和各种环境因素作用而出现的心理活动和行为的异常现象。那么孩子的心理障碍如何克服呢？孩子更需要的是爸妈的关心和爱，需要爸妈投入情感，为其提供成长所必需的"心理营养"。

孩子，别怕——引导孩子克服恐惧症

父母的烦恼

张女士最近很苦恼，因为10岁的女儿月月在日记本上写了这样一句话："每到晚上，我就开始害怕，卧室的灯熄了，爸妈都已经睡了，只有我一个人怎么也睡不着，我只能躲在被窝里，不敢把头伸出来。"

月月正在读小学四年级。她很怕黑，从很小的时候就表现出来了，有时她甚至会要求跟爸妈同住一个房间；而且总是开着灯睡觉，偶尔关灯也得在她睡着之后。张女士觉得女儿胆子太小了，有意识地锻炼她，例如规定她上床之后关灯睡觉。然而，这对月月而言是一件极其恐惧的事情，她告诉妈妈自己会感觉到身边有些可怕的东西存在。几乎每天晚上她都会从噩梦中惊醒，哭着找妈妈。对此，张女士非常担忧，不知道该怎么办。

心理学家认为，有许多孩子会很怕黑，因为在黑暗中联想到鬼而感到害怕，这种纯粹的害怕"鬼"的孩子，他们的生活实际上并不会受到严重干扰。在案例中，月月的症状表现为不正常的、极度的惧怕，而且严重影响正常生活，这些带有疾病性质的惧怕可以诊断为"黑暗恐惧症"。

患有恐惧症的孩子大多比较胆小，独立性较差。根据张女士反映，月月在班上几乎没有什么朋友，独来独往，适应新环境的能力很差，这与父母的教育方法是相关联的。处于婴幼儿时期的孩子大部分会在黑暗中感到恐惧，让他们恐惧的不是黑暗本身，而是在黑暗中看不到自己亲近的人，视觉上的分离感引发了孩子的不安全感体验，这实际上是一种对父母的依恋情结。

心理专家认为，幼儿期是培养孩子独立性的关键时期。这时需要父母给孩子准备一个独立的房间，起初可以在孩子睡前陪伴孩子，告诉孩子自己会在他身边陪着，用手抚摸给予安慰，等孩子睡着之后父母可以离开。等到第二天孩子醒来，父母可以表扬孩子："一个人乖乖睡着了，宝贝真棒！"以此强化孩子独立的能力与意识。孩子在自己的房间睡觉，需要独自面对黑暗，在这个过程中孩子要学会自己处理恐惧等负面情绪，同时意味着孩子开始独立了。假如父母为了让孩子不害怕，总是无微不至地关怀，那么孩子就容易陷入"黑暗恐惧症"。

对此，心理专家建议：父母要意识到，过度保护孩子只会让孩子越来越胆小。因为父母的保护就是告诉孩子，一个人睡觉确实比较危险。患有恐惧症的孩子惧怕的事物本身是比较普通的，在一般人看来是不需要害怕的事物，不过因为父母无意识地提醒孩子避免这一情况的出现，结果反而强化了孩子焦虑、恐惧的情绪。

❤心理支招

1. 勿对孩子说"胆小鬼"

孩子从3岁时开始对黑暗产生恐惧，假如这时父母骂孩子是胆小鬼，吓唬孩子不准哭，这将大大地误导孩子的情绪。父母应该向孩子说明事情的真相，在孩子看来非常恐惧的事物被父母一语点破，他自然会相信自己是安全的，内心的恐惧感也会随之消失。

2. 鼓励孩子多接触黑暗的环境

对于患有黑暗恐惧症的孩子而言，父母要鼓励他们多接触黑暗的环境。刚开始父母可以与孩子一起尝试，直到孩子适应为止。在这个过程中，孩子如果感到害怕，父母可以建议孩子做深呼吸，或者鼓励孩子大声地说出恐惧的感觉，然后让孩子独立地待在黑暗环境下直到适应。当然，这并非一蹴而就的，父母可以按照孩子的情绪状况循序渐进，适时地给予孩子鼓励与表扬。

3. 避免诱使孩子将恐惧感埋藏在心里

不管孩子担心什么、害怕什么，父母应当告诉他们害怕是正常的心理现象。平时父母多和孩子交谈，给孩子讲一些常识，这是帮助孩子克服恐惧感的最佳方法。等到孩子明白道理，心境平和了，父母可以帮助孩子对可能发生的事情做好心理上的准备。

4. 避免让孩子接触鬼怪、恐怖之类的故事和电影

当然，恐惧黑暗与听过鬼怪故事、看过恐怖电影有一定的联系。父母需要注意，不要和孩子过多地谈论鬼怪的故事，也尽可能不要让孩子看恐怖电影。假如孩子经常会想起鬼怪之类的事情，父母需要尽可能地让孩子在闲暇时间多参与有趣的互动活动，培养孩子积极向上的兴趣爱好，引导孩子转移注意力。

5. 及时询问孩子产生恐惧感的缘由

孩子一旦产生恐惧感，父母要考虑这是否与他的年龄相称。在平时生活中父母要随时关心孩子思想感情的变化，以及恐惧持续的时间。孩子在恐惧时是否什么事情都不想做，不肯一个人去睡觉，不愿意去上学，甚至不敢离开父母，父母需要弄清楚，然后及时处理。

孩子，别郁闷——帮助孩子解开心中的郁结

! 父母的烦恼

杨先生的儿子杨洋今年13岁，他个性比较敏感，性格说不上是外向型还是内向型，比较恋旧，跟以前的老同学、好朋友分别时总会依依不舍。四年级转学之后，杨洋总是想念过去的老同学，不喜欢与新同学交往，直到一年之后才渐渐融入新的班级。即便上了初中之后，也总是念叨小学同学，认为初中同学比不上小学同学，似乎又要很长时间才能适应新环境。

最近杨先生发现儿子十分消极，很悲观，学习很懒散，似乎没有一种

正确、积极的世界观，经常流露出奇怪的情绪，觉得人总归是要死的，现在努力没有用处，不管自己现在怎么样，最后都是一样的结局。杨先生经常听到儿子说："爸爸，我不想你们死，不想身边的亲人死，人如果永远不死就好了。"最近这样的情绪更是经常反复，这孩子到底是怎么了呢？

小孩子动不动就喜欢说"不"，而且经常是你说什么他们都会说"不"。心理学研究表明，这是孩子独特的表示自立的正常方式。当孩子开始说"不"，是他们形成自我认识的开端。而当生活中的某些事情或某些要求与其个体的兴趣、需要和愿望等不一致的时候，孩子就会产生消极情绪，例如抵触、对抗、哭闹等。

与成年人一样，孩子的情绪也有消极和积极之分。在孩子1岁左右时，他们的情绪就开始分化，2岁时出现各种基本情绪，也就是生气、恐惧、焦虑、悲伤等消极情绪和愉快、高兴、快乐等积极情绪。积极的情绪对孩子的身心发展可以起到促进作用，有助于发挥孩子内在的潜力；消极的情绪则可能让孩子心理失衡。

对孩子而言，产生情绪是一件很正常的事情。当一个成年人发脾气的时候，旁边的人会安慰，或者会知趣地离开。但是，当一个孩子发脾气的时候，他（她）受到的却可能是父母的斥责，甚至是打骂，这其实是极不公平的。所以，一旦孩子有了消极情绪，父母需要做的是理解、帮助，而非责备、训斥。

❤心理支招

1. 引导孩子宣泄消极情绪

心理学家认为，孩子在生活中产生的消极情绪，应以合适的渠道发泄出去。情绪一旦产生，宜疏导而非堵塞。当孩子遭遇令自己难过的事情，需要及时宣泄出来，才可以减轻精神上的压力。所以，在现实生活中，当孩子遇到挫折或感到不愉快的时候，父母可以让孩子不受压抑地通过语言或非语言的方式表达自己的情绪，这样可以减轻孩子心理上的压力。

2. 理解孩子

在孩子生气的时候，父母可以用温和的语气开导孩子，让孩子知道父母了解他的感受。父母可以告诉孩子，生气时可以干什么，不能做什么，允许孩子以合适的方法宣泄情绪。在适当的时候，多给孩子讲一讲自己在以前的人生中是如何面对困难和挫折的，又是如何战胜困难、跨越挫折的。毕竟孩子年龄较小，很少经历创伤和挫折，父母就是孩子的榜样。若父母给孩子多聊这些话题，则势必会对孩子产生积极的影响。

3. 引导孩子倾诉心事

倾诉是一种合理的方式，父母可以引导孩子把学习中遇到冲突或挫折时的感受告诉自己，同时给予同情、理解、安慰和支持。孩子对父母有很大的依赖性，父母对孩子表现出的同情或宽慰会缓解甚至消除孩子的心理紧张和情绪不安。即便孩子倾诉的内容是不合理的，父母也要耐心地听下去，至少保持沉默，等孩子倾诉完毕之后，再与孩子讲道理。

4. 善于发现孩子的优点

父母要善于发现孩子的优点，同时将这些优点与孩子熟悉或崇拜的先进人物、英雄人物的优点比拟，让孩子在内心认定自己与他们的性格一样，从而激发孩子在思想和行为上向他们学习。当孩子不断突出自己的优点，同时对于自我认可和肯定的良好习惯慢慢养成之后，其消极的情就会得到改观。

5. 创造和谐的家庭氛围

父母要善于创造和谐融洽、畅所欲言的家庭氛围，当孩子表达出自己的想法之后，父母要以探讨的形式来转变和提高孩子的认知，随时关注指导孩子，以积极的心态来排除心理障碍。在平时的生活中，父母在为人处事上应保持乐观的态度，因为榜样作用往往是孩子乐观性格形成的重要因素。

6. 引导孩子转移注意力

转移注意力，是合理宣泄情绪的最佳途径。父母要让孩子学习在遇到冲突和挫折时，不要将注意力集中在引发冲突或挫折的情境之中，而应尽可能地摆脱这种情境，投入到自己感兴趣的其他活动中去。例如孩子在玩游戏时与其他孩子发生冲突，就可以让孩子到室外去踢一会儿足球，通过户外运动将积累的情绪能量发散到其他地方。

7. 帮助孩子提高抗挫折能力

父母可以告诉孩子，生活中并不是每件事都会让自己满意，一个人总会遇到这样或那样的挫折，生气和难过都是没有用的，需要有意识地控制自己的情绪，保持冷静。同时父母可以通过带孩子旅游、登山，丰富孩子的精神世界，锻炼孩子的毅力，尽可能帮助孩子形成坚毅、开朗的性格。

孩子，别强迫自己——引导孩子克服强迫症

父母的烦恼

王女士最近很烦恼，以前接触过自己孩子的老师和朋友都反映过这个孩子有点强迫症，当时王女士觉得不太可能，毕竟孩子太小了，长大了应该会好些，自己也没太在意。不过最近几天，王女士发现孩子的症状有点令人担忧。几周前，孩子突然说："我的衣服很脏，我不想穿。"王女士拿过孩子的衣服一看，发现上面有一点墨水痕迹。王女士笑着说："这没什么大不了的，只是一点点，别人不会看见的。"孩子坚持说："洗干净我才穿。"王女士只好回答说："好，好，我马上去给你洗干净。"可她转身就忘了这件事情，结果，第二天孩子问："妈妈，我的衣服洗过了没？"

近些年来，有许多父母向心理学家咨询，觉得孩子可能有心理问题，例如上课时过于关注黑板以外的事物，无法集中精力听课，有的孩子还会对书上的一些公式反复地想它为什么会是这样的呢？有的父母反映孩子上学前会一遍遍地检查书包长达半小时之久，不过许多父母并不知道孩子已

经有了强迫症的倾向。

强迫症是日常生活中存在的一种强迫思维，表现为自己的行为不受自己的控制。孩子年龄越小，强迫症的症状表现就越明显，对孩子的影响就越大。通常情况下，儿童强迫症有这样一些特点：所谓的儿童强迫症是一种患儿明知不必要，却又没办法摆脱，反复呈现的观念、情绪或行为，越是努力克制，越是感到紧张和痛苦。孩子发育的早期，可能有轻度的强迫性行为，例如有的孩子走路时喜欢用手抚摸路边的电线杆，有的孩子走路时喜欢用脚踢小石头，有的孩子喜欢反复计算窗栏的数目，等等。不过，这些行为不伴有任何情绪障碍，且会随着年龄的增长而消失。

稍微严重的强迫症表现为，反复数天花板上吊灯的数目，反复数图书上人物的多少，强迫计算自己走了多少步，等等。有的孩子则表现为强迫自己洗手，强迫自己反复检查门窗是否关好了，反复检查作业是否做对了，甚至睡觉前，不断检查衣服鞋袜是否放得整整齐齐。有的孩子则表现为仪式性动作，例如要求自己上楼梯必须一步跨两级，走路时必须一步走两步距离。这些孩子，如果不让他们重复这些动作，他们就会感到焦虑，甚至生气。不过，他们不断重复这些形式，并不会出现成年患者那样的焦虑情况。通常情况下，孩子对自己的强迫行为并不感到苦恼，只不过是呆板地重复这些行为而已。

所以，父母应及早发现孩子的这些不正常行为，平时多注意观察孩子的行为举止，以防孩子的强迫症情况越来越严重。

心理支招

1. 行为治疗

当孩子的强迫症发作时，父母可以促使其有意识地用手腕上的橡皮筋来弹自己，从而克制自己的强迫行为，通过外力的作用来阻止强迫症的发作。心理学家一般认为参与示范比被动示范的治疗效果更好一些。当然，在这个过程中，父母不仅是监督者，更是整个事情的参与者。

2. 信心治疗

父母需要给孩子树立信心，例如对于孩子考前焦虑症等轻度心理问题，父母可以告诉孩子考前每个人都会紧张，不只是你一个人心情焦虑，以此放松孩子的心情。当孩子丧失信心的时候，鼓励孩子，让其重新树立信心。

3. 顺其自然

心理学家建议用"森田疗法"，这是治疗强迫症比较好的方法，所谓"顺其自然，为所当为，不治而治，事实为真"。孩子强迫症产生的根源就是"怕"，正因为存在各种恐惧，才会导致不断重复地去做某事。怕的时候要怎样应付？"顺其自然，为所当为"，即不要刻意去强化强迫症的观念，转移注意力，做应该做的事情，才能够治愈强迫症。父母在这个过程中需要做的就是不要刻意让强迫症孩子寻求改变，顺应其性情，等他（她）确认自己所担心的事情根本不会出现的时候，强迫症的症状自然会减轻甚至消失。

4. 给予孩子理解与关怀

当父母发现孩子有强迫症的时候，不要指责孩子，更不能说孩子胡思乱想。有的孩子在抄写课文的时候，抄着抄着就突然开始使劲地描一个字，即便把纸划破了还是使劲描。这时正确的方法应是分散孩子的注意力，例如问他今天星期几，这样孩子的注意力就被转移了，恢复了正常思维。不过有的父母不懂这些，一看见孩子发呆，就会指责孩子："你又在胡思乱想什么？"这样只会导致孩子心理负担越来越重。假如父母可以多理解、多关心孩子，孩子强迫症状就会慢慢减轻，直至消失。

5. 认知治疗

父母需要帮助孩子让其认识到头脑中这些不合理担心的错误性，不过那些长时间形成的恐惧已经深入到潜意识里，因此想要短时间内改变是不容易的。父母可以监督和引导孩子，共同从改变一点一滴的小习惯开始，结合行为治疗，改变旧习惯，建立新习惯。

孩子，别一个人玩耍——引导孩子走出孤独症

父母的烦恼

李妈妈很烦恼，因为孩子豆豆患了孤独症。平时在家里，豆豆总是饶有兴趣地摆弄着手里的糖纸，对周围好像没有察觉，甚至连面前的水果和零食也不会令他心动。若有阿姨问："孩子，你几岁了？"问几遍豆豆也没有什么反应。这时李妈妈对豆豆说："告诉阿姨你几岁了。"但豆豆的目光依然停留在那张糖纸上，他重复一遍妈妈的话："告诉阿姨你几岁了。"这时李妈妈说："对阿姨说我3岁半了。"豆豆也只是学着说了一句："对阿姨说我3岁半了。"

李妈妈介绍，豆豆只能说极少量的词和短语，几乎说不出一个完整的句子，经常重复别人的话。若遇到有人跟他打招呼，多半没有回应；提醒他做什么，他就好像没听见似的；经常会自言自语，说着一些不着边际的话语。他平时不喜欢和小朋友玩，即便给他找来几个同龄小朋友，他也会躲开，独自一个人在旁边发呆。任何新奇的玩具都难以引起他的注意，他只是把那些废弃的包装盒、纸、勺、碗等东西重复玩耍，动作刻板，平时容易烦躁，脾气大，睡眠也很少。

假如自己的孩子不幸遭遇孤独症，父母应该怎么办呢？是选择放弃、逃避、默默承受，还是理智、平和、坦然接受这一切呢？面对孤独症的孩子，父母没有理由强求什么，唯一能做的就是调整自身，按照他们自身的发育状况，用爱心、耐心帮助他们，协助他们最大限度地改善现状。

儿童孤独症又称儿童自闭症，与儿童感知、语言、思维、情感、动作以及社交等多个领域的心理活动有关，属于发育障碍。尽管不同的孤独症

儿童会有不同的症状，不过主要表现为：说话较晚，反应迟钝，不合群，不懂得如何与人交往和沟通；有的孩子智力发育较差，存在认知、感知缺陷；有怪癖，兴趣范围狭窄，行为方式刻板、僵硬；注意力涣散。有的孤独症孩子智力发展不平衡，他们对某一方面很敏感，例如音乐、绘画等，而在其他方面则较差。不过，越是这样的孩子，越容易被父母忽略。

教育专家表示，对孤独症孩子的治疗和早期干预，离不开制定个性化训练计划。由于孩子的病态、程度不一样，需要的治疗方案也应有针对性，而父母需要承担导师的角色，通过"因材施教"和"家庭康复"帮助孩子战胜孤独症。

❤心理支招

1. 父母的态度很重要

父母的态度异常关键，孩子和亲友的情绪都会随着父母的态度而改变。父母需要正确地对待孩子，为其制定合理的努力目标，重点培养孩子的独立能力；坦然地接受现实，与孩子愉快相处，努力教会孩子适应家庭生活；同时，父母要细心观察，到底孩子身上有哪些特性，容忍孩子重复说一句话，不要当着别人对孩子表示烦恼。总之，一旦发现孩子患有孤独症，需要考虑怎样给孩子进行良好的教育，让这些孩子长大成为自食其力的人，而不是家庭和社会的负担，有勇气来接受教育孩子的工作，用积极的态度对待孩子。

2. 把他当作正常孩子

父母不妨把他们看成是正常的孩子，营造一个让他们学着自己照顾自己的氛围，例如自己穿衣服、穿鞋，自己吃饭，自己洗手、洗脸，学习适应环境、与人配合。将自己设定的目标贴近孩子，将想要达成的目标分解成一个个细小的目标，分步骤地去实现。不过，欲速则不达，对一般孩子而言很容易学会的生活技能或短时间内可以养成的良好习惯，孤独症孩子却要学习半年或更长的时间。因此，父母在心里给孩子定的标准一定要比同龄的正常孩子低很多，急躁情绪和攀比心理是不能有的。

3. 经常与孩子聊天

孤独症孩子大部分语言发育迟缓，有的甚至丧失语言能力。他们面临的共同难题就是学会说话，利用孩子吃饭睡觉以外的所有时间教他说话，这是父母不能回避的现实。语言训练可以分阶段进行，例如前期准备阶段教孩子模仿父母的口部动作，像张大口、闭嘴等，让孩子知道听指令做事，理解某些动作的意义——拍手表示高兴，摆手表示再见，拉手表示友好。然后可以进行"发单音"的训练，等孩子的单音字说得比较好了，就可以着手教他学双音节词语了。最后对孩子做简单的问答训练，目的就是让孩子学会表达自己的需求，学习沟通。

4. 引导孩子与人交往

父母可以引导孩子有意识地与人交往，让他们对交流感兴趣。比较好的方式就是让孩子长时间和亲近的人在一起，亲密接触对方的手势、动作、语言、表情和回应的方式。耐心地给孩子反复示范，一次次地引领孩子模仿。在这个漫长的过程中，父母最好将日常生活的内容与训练结合起来，变枯燥的训练为有趣的游戏，慢慢让孩子感觉到这是个好玩的游戏。

5. 对孩子进行感官和信息刺激训练

孤独症孩子对身边的信息通常视而不见、听而不闻，这源于他们大脑发育的偏差。父母可以适当地对孩子做一些感觉统合训练，诸如荡秋千、跳绳，这些简单的活动可以在家中进行，这对改善孩子反应迟钝和动作不协调有一定的好处。大多数孤独症孩子自我封闭，拒绝接触新事物，缺乏主动性，不过他们对自己感兴趣的事情比较执着。父母应善于捕捉到孩子的兴奋点，对孩子感兴趣的事物给予多方面的信息刺激。假如孩子喜欢玩水，那么父母可以为其准备热水、冷水、温水等。父母可以为孩子创造一个氛围，把与之相关的信息搜集起来，讲给孩子听，和孩子一起动手做。

孩子，别怀疑——引导孩子摆脱疑心病

父母的烦恼

肖妈妈发现儿子小东患了疑心病，例如有时问他苹果是什么颜色的，结果这样的问题也会让他感到十分紧张，不知所措，犹豫了半天也不知道怎么回答，只好说："我也不知道是什么颜色。"而且，平时家里扔垃圾的时候，小东总是一遍又一遍地检查垃圾桶，他总担心有用的东西留在了垃圾桶里，直到他决定带走垃圾时，还会不断地朝垃圾袋里张望，希望可以看到一些有用的东西。

前段时间小东感冒了，还有一些腹泻，就一直在诊所打针、吃药，而他的感冒也时好时坏。对此，他总是怀疑自己得了什么重大的疾病，例如肿瘤什么的。他告诉妈妈自己呼吸困难，然后妈妈带他去医院做了胸透、心电图，结果一切正常。不过小东又怀疑医生在骗自己，故意隐瞒自己的病情。

疑心病就是孩子在成长过程中，总觉得其他什么事情都与自己有关，并对他人的言行猜疑，以证实自己的想法。疑心病是一种不健康的心理，具有疑心病的孩子，总是虚构一些因果关系去解释别人为什么会有这样的举止言谈，例如看到附近的两个同学小声交谈，就认为他们在议论自己。疑心病源于心理学上的暗示，暗示可以分为积极暗示和消极暗示：积极暗示可以使自信心增强，使人精神更加振奋；相反，消极的暗示可以使人忧心多虑，严重者会疑神疑鬼。而疑心病源于后者，似"无病疑病"，所以，这是一种不健康的心理，会影响到孩子们的生活、学习。

疑心病者，整天疑心重重、无中生有，孩子会认为每个人都是不可信、不可交的。例如，老师有时候对他态度冷淡了一点，就觉得老师对自

己有了不好的看法，或者怀疑有同学在老师面前说了自己的坏话；父母对自己稍有批评，就无端地怀疑父母是否不爱自己了，甚至延伸出"我难道不是爸妈亲生的"这样荒诞的想法。

疑心病的孩子特别留心他人对自己的态度，有可能只是对方简单的一句话，而他都要琢磨半天，努力去发掘其中的"潜台词"。这样时间长了，孩子便不能轻松与他人交往，背上了沉重的心理包袱，影响到他的人际关系。而且，还有可能由怀疑别人发展到怀疑自己，最终变得自卑、消极、怯弱。对于身心正处在发展中的孩子来说，疑心病是十分有害的，它会威胁到孩子的心理健康。所以，父母一旦发现孩子有了疑心病的征兆之后，需要引导孩子，将这种病症抹杀在萌芽状态。

❤ 心理支招

1. 培养孩子的自信心

父母引导孩子看到自己的优点与长处，逐渐培养其自信心，鼓励孩子处理好与他人的关系，会给他人留下良好的印象。例如，鼓励孩子相信自己的言行在同学面前是没有被挑剔的，鼓励孩子相信自己在老师面前是一个聪明乖巧的好学生，从而打破他虚构的因果关系。当孩子充满信心地投入到学习中去时，就不会担心自己的行为，也不会随便怀疑对方是否会挑剔、为难自己了。

2. 引导孩子理性看待疑心病

当发现孩子开始怀疑别人的时候，应该帮助孩子及时找出产生疑心病的原因，在没有形成思维之前，瓦解怀疑心理。例如，孩子怀疑同桌偷了自己的钢笔，父母可以让孩子冷静地想一想，会不会是自己做完作业忘记带回家，或者在放学路上丢了。那么，这样一来，那些胡乱的猜疑就会被逐渐瓦解。让孩子逐渐明白，其实现实生活中的许多怀疑是可笑的，对此，冷静地思考一番是很有必要的。

3. 安慰孩子

有时候，孩子在学校遭到了同学的非议与流言，或者与同学发生了误会，会引发孩子产生疑心病。这时父母要仔细观察孩子的情绪，及时安慰孩子，告诉他不要斤斤计较，因为计较得越多，疑心病就越重，给自己带来的烦恼就越多。假如孩子觉得自己遭到了同学的怀疑，父母可以安慰孩子没有必要为别人的闲言碎语所纠缠，不要在意对方的议论，这样孩子就会使自己从疑心病的烦恼中解脱了出来。

4. 鼓励孩子主动与人沟通

事实上，怀疑是误会的升级版，当彼此之间的误会没有得到及时消除，就会发展为猜疑；当猜疑不能及时消除，就会导致疑心病的加重。一旦发现孩子有了疑心病的征兆，父母就应该鼓励孩子主动、及时地与怀疑对象开诚布公地沟通，弄清事情的真相，消除误会和疑心病。告诉孩子，如果是误会，通过沟通可以消除；如果是意见有了分歧，适当的沟通对双方也有好处；如果猜疑是真实的，双方经过平静的讨论，也可以有效地解决问题。

孩子，别忧虑——让孩子远离抑郁症

父母的烦恼

小丽的爸爸是某公司的业务经理，妈妈是一名超市导购员，他们通常在家里照顾孩子的时间很有限，因此5岁的小丽便跟着奶奶生活。以前的小丽活泼开朗，特别喜欢笑。不过，现在每当看到其他小朋友在周末有爸爸妈妈陪着一起到公园玩，小丽就十分羡慕，因为她已经好久没跟爸爸妈妈一起过周末了。

最近一段时间，爸爸妈妈发现小丽变得不喜欢笑了，她经常一个人坐着发呆，整天不说一句话，好像一下子变乖了很多。不过，这样的乖总显得很不对劲。而且，幼儿园的老师也反映小丽现在上课常常注意力不集中，目光呆滞，不像班里其他女孩那样活泼。

心理学家认为，小丽患了儿童抑郁症。有的父母认为孩子很小，很难与抑郁症这样严重的问题联系到一起。实际上，儿童抑郁症已经不是什么新鲜事了。与身边同龄孩子关系差的孩子更容易患抑郁症，除了人际关系导致的抑郁情绪累积之外，学习压力大、与老师关系差、父母婚姻破裂等，都会对孩子产生着很深的影响。

抑郁症主要是指以情绪抑郁为主要特征的情感障碍，不但包含郁郁寡欢、忧愁苦闷的负性情感，且有怠惰、空虚的情绪表现。不过人们经常会误以为抑郁症只会发生在有自我意识能力和情感丰富的成人身上，而忽视了儿童也可能得抑郁症。抑郁对孩子的身心发展非常有害，会使孩子心理过度敏感，对外部世界采取回避、退缩的态度，同时还可造成儿童身体发育不良。

孩子的世界应是缤纷多彩的，充满快乐和欢笑，但是有的孩子小小年纪就总是郁郁寡欢。由于各种原因，很多孩子经常被抑郁的情绪所侵袭，严重者就会成为抑郁症。无疑，这是一个令孩子自己和父母都感到痛苦和困惑的问题。作为父母，应该怎样帮助孩子远离"抑郁"的阴影呢？

❤心理支招

1. 营造温馨的家庭氛围

心理学家认为，良好的家庭支持和家庭凝聚力是孩子健康成长的持久动力。平时生活中，父母要时常检查自己的情绪，避免自己身上的负面情绪影响到孩子。学会尊重孩子，顺畅地和孩子沟通，为孩子营造一个亲密、融洽、温馨的家庭氛围，让孩子体会到家庭的温暖感和安全感。

2. 鼓励孩子多结交朋友

父母平时要真诚待人，鼓励孩子多与人交往，教会孩子与同龄孩子融洽相处，多组织孩子间的情感交流活动，培养孩子广泛的兴趣爱好和乐观宽容的性格，享受友情的温暖。

3. 完善孩子的人格

平时父母需要多发现孩子的优点并恰当地给予表扬和鼓励，从小培养孩子的自信与应付困境乃至逆境的能力，教育孩子学会忍耐和随遇而安，在困境中寻找精神寄托，例如参加运动、游戏、聊天等。

4. 适度的学习教育

平时父母要适当给孩子一些自己的时间和空间，让孩子在不同的年龄阶段拥有不同的选择权。不要对孩子期望太高，不要过分纵容孩子或太过苛求，应按照孩子自身的能力和兴趣来培养他们。

5. 积极的心理暗示

假如孩子已经出现抑郁症状，父母就要给予孩子适时的积极暗示，教导孩子理智调节自己的情绪，纠正认识上的偏差。父母可以寻找一些令孩子开心或振奋的事情，让愉快的事情占据孩子的时间，以积极的情绪来抵消消极的情绪，引导孩子适当发泄内心郁闷的情绪。在有必要的情况下，可以及时找心理专家咨询，予以积极的治疗。

第 9 章

儿童的消极心理：
帮助孩子摆脱负面情绪

　　做成功的父母，只有爱是不够的，还需要了解和分享孩子的看法和心理感受，帮助他们处理负面的情绪，如愤怒、悲伤及恐惧。这样父母才能在自己与孩子之间建立信任和爱的桥梁，使孩子成长为更成功、更快乐的人。

孩子遇事总是先害怕——引导孩子战胜胆怯心理

父母的烦恼

小明从小在爸爸妈妈身边长大，不过由于爸爸妈妈工作比较忙，白天只能由奶奶照看。小明从小调皮、爱动、思维灵敏，经常跑出去玩，年迈的奶奶总是追不上。奶奶担心孩子摔倒，于是经常吓唬小明说："你再跑就让那个乞丐把你带走。"

有一天，小明跑远了，看不见奶奶，就大声地哭了起来。这时正好来了一个骑三轮车的叔叔说要把他送回去，小明以为是乞丐要把自己带走，吓得使劲地大哭，直到晚上睡觉时还在哭。

从这以后，小明就变得十分胆小，不敢在自己的屋子里玩，处处都十分小心。不过他在家里又非常调皮，经常会犯些小错误，这时爸爸就会批评他。为了逃避批评，小明竟然慢慢地学会了撒谎。对此，爸妈很担心，孩子如此胆怯该如何是好呢？

实际上，孩子的胆怯是家庭教育的"副产品"，很多父母总是担心孩子吃苦怕累，不让他干这做那，这就是孩子形成胆怯心理的主要原因。生活中，我们经常会看到一些孩子，见生人就哭，不敢自己去做事，处处需要大人陪着，我们称这样的孩子胆小怯懦，那这是什么原因呢？

心理学家认为，孩子形成胆怯心理是有多方面原因的。首先是孩子的生活圈子太小，有的孩子平时只生活在自己的小家庭里，尤其是由爷爷奶奶照看的孩子，很少出去玩，很少接触其他人，他们的依赖性较强，无法独立地适应环境。其次就是父母喜欢吓唬孩子，有的孩子在家里不听话时，如哭闹或不好好吃饭，父母就用孩子害怕的语言吓唬他："再哭就把你扔在外面让老虎吃了你"、"泥土里有虫子咬你的手"。如此恐吓孩子，会让孩子失去安全感，而形成胆小怯懦的性格。此外，父母在日常生活中对孩子有过多的限制，去公园玩耍时，不让孩子去爬山，不让孩子去湖边玩，造成孩子不敢从尝试与实践中获得知识与经验，从而导致胆怯的性格。

❤心理支招

1. 鼓励孩子多参加活动

父母应有意识地为孩子创造外出活动和与他人交往的机会，尤其是在家里由爷爷奶奶或外公外婆代养的孩子，更需要从家庭的小圈里解放出来，经常带孩子到公园和其他公共场所，让他们接触、认识、熟悉更广阔的世界。父母可以带孩子去走访亲友，或去外地旅行，开阔他们的视野，并让孩子和小伙伴们在一起游戏，和大家一起参加活动，一起结伴买东西等，从而锻炼孩子的胆量。

2. 帮助孩子提高认识

孩子胆怯大部分是后天形成的结果，作为父母要端正思想，按照孩子的年龄和实际情况，给予积极的引导，帮助孩子丢掉"怕"字；同时告诉孩子，胆小鬼是什么事情都做不好的，让孩子鄙视胆小怕事的行为。对于孩子存在的胆怯心理，可以进行锻炼和诱导，如孩子怕陌生人，当有客人来访时，应让孩子与客人接触，并锻炼他在客人面前讲话。这样一回生二回熟，会慢慢改变孩子的胆怯心理。

3. 培养孩子勇敢的精神

父母可以经常讲一些有关勇敢者的故事；平时善于观察孩子，当他遇到困难时，能得到及时的帮助，鼓励孩子去战胜困难。对孩子进行胆量方面的训练，如在感觉训练中，加大木梯的训练量，慢慢锻炼孩子的胆量。

4. 交给孩子一些任务

父母可以有目的地交给孩子一些可以完成的任务，限时间完成。如假期可以让孩子独立坐公交车去朋友家或跟旅行团旅游，在这个过程中让孩子去锻炼，去克服困难。同时父母要给予鼓励，指导和帮助。当孩子完成任务时，父母应进行表扬，帮助孩子建立信心。

5. 与孩子平等对话

父母与孩子的交流是多方面的，父母应该有意识地多与孩子平等对话，多听听孩子的倾诉，多与孩子一起讨论对某件事情的看法，鼓励孩子表达自己的情感。在此过程中，父母可以了解孩子的看法，拉近与孩子的距离，帮助他更加坚强、快乐。

我就是讨厌他——引导孩子摆脱嫉妒心理

父母的烦恼

5岁的乐乐是一个非常可爱的孩子，一个周末，乐乐妈妈的同事带着自己3岁的儿子到乐乐家里玩，乐乐妈妈很热情地接待了他们，并开心地逗同事的儿子玩耍。刚开始，乐乐也挤过去亲了亲小弟弟，不过没过多久，乐乐就有些不高兴了，因为妈妈抱着小弟弟，一点也没有放下的意思，还又亲又笑，乐乐觉得自己受到了冷落。

于是，乐乐开始大声唱歌，但是妈妈没有注意她。乐乐又跳起了自己最擅长的舞蹈，不过还是没有人来搭理她。终于，乐乐忍不住了，她突然摔碎了自己的杯子，然后坐在地板上放声大哭，结果把妈妈和同事弄得十分尴尬。

孩子大约从1岁半或2岁起，嫉妒心理就开始有了明显而具体的表现。刚开始孩子的嫉妒大多与母亲有关，假如自己的母亲将注意力转移到其他孩子身上，孩子就会以攻击的形式对别的孩子发泄嫉妒心理。

孩子的嫉妒具有明显的外露性，有时还具有攻击性、破坏性。孩子的嫉妒与成年人的嫉妒有不同之处，主要是不能有效地控制自己的情感。孩子直接而坦率地表露情感，根本不考虑后果。例如，自己很想要一个玩具，妈妈不给买，那么就特别讨厌那些有这种玩具的孩子，有时甚至会把人家的玩具弄坏。

可以说嫉妒是一种消极的心理，是对别人在品德、能力等方面胜过自己而产生的一种不满和怨恨，是一种被扭曲的情感。如果孩子将这样负面的心理保留到以后，孩子就难以协调与他人的关系，难以在生活中保持心情舒畅。所以父母需要针对孩子的这一负面心理，及时进行纠正。

❤心理支招

1. 了解孩子嫉妒心理产生的原因

父母只有了解孩子产生嫉妒心理的原因，才能对孩子进行有针对性的教育。通常孩子的嫉妒心理产生的原因有以下三种。一是环境影响。假如父母之间互相猜疑，互相看不起，或当着孩子的面议论、贬低他人，会在无形中影响孩子的心理。二是孩子能力较强，不过某些方面比不上其他孩子。通常各方面都比较弱的孩子，他们会处于安分的状态，因为他们已经习惯于当弱者。而那些能力较强的孩子，就会对别的有能力的小朋友产生嫉妒。三是不恰当的教育方式。有的父母经常评价自己的孩子在某些方面不如某个小朋友，让孩子认为父母喜欢别的小朋友，不喜欢自己，这样孩子会因为不服气而产生嫉妒。

2. 倾听孩子的心理感受

孩子的嫉妒是直观的、真实的甚至自然的，完全不似成年人嫉妒心理那样掺杂着许多因素，它只是孩子对自己愿望不能实现而产生的一种本能的心理反应。所以，父母不要盲目地对孩子的嫉妒行为进行批评，而应耐心倾听孩子心中的烦恼，理解孩子没办法实现自己的愿望所产生的痛苦情绪，便于孩子因嫉妒产生的不良情绪可以得到宣泄。

3. 正确评价孩子

大多数孩子喜欢受到表扬和鼓励。父母的表扬得当，可以巩固其优点，增加孩子自信；若表扬过度或不当，会使孩子骄傲，从而看不起别人。由于孩子年龄较小，自我意识刚开始萌芽，他还不会全面地看待问题，所以不能正确地评价自己和别人。所以父母对孩子的品德、能力的评价应客观正确，适当指出孩子的优点和缺点，让孩子明白每个人都有长处和短处，帮助孩子正确评价自己。

4. 帮助孩子分析与其他孩子产生差距的原因

孩子的思维方式主要以具体形体思维为主，通常不具备对事物进行全面分析的能力。孩子往往会将自己的嫉妒简单地归于自己或所嫉妒的对象，而不去考虑其他因素。所以，父母可以帮助孩子全面分析造成自己与所嫉妒对象之间的差距产生的原因，能否缩短这些差距，采用什么样的方法来缩短这种差距，以积极的方式缩短实际存在的差距，化解内心的不平衡。

5. 对孩子进行美德教育

一般嫉妒心理大多产生在有一定能力的孩子身上，他们觉得自己有能力，却没有受到别人的表扬，所以对那些受到注意和表扬的孩子产生嫉妒。父母对此要对孩子进行美德教育，让孩子懂得"谦虚使人进步，骄傲使人落后"的道理。让孩子明白即便没有人称赞自己，自己的优点依然存在，假如继续保持优点，又虚心向别人学习，那自己才会得到更多人的喜欢。

6. 培养孩子乐观的性格

父母应教育孩子理解人与人之间客观存在的差异性，让孩子明白每个人都有自己的优势和长处，不过同时每个人有自己的劣势和短处。引导孩子充分发挥自己的长处，扬长避短，在生活和学习中学会正视别人的优势和长处，欣赏别人的优点，从而可以学习、借鉴对方的优势，以弥补自己的不足。

7. 帮助孩子树立正确的竞争意识

大多数有嫉妒心理的孩子会有争强好胜的性格，父母要引导和教育孩子用自己的努力和实际能力去与别人比较。竞争是为了找出差距，更快地进步和取长补短，不可以用不正当、不光彩的手段去获取竞争的胜利，将孩子的好胜心引向积极的方向。

孩子看不起自己——引导孩子战胜自卑心理

父母的烦恼

小东是个小学三年级的男孩子，他长得干净帅气，成绩也不错。不过就是性格内向，十分腼腆，在人前不苟言笑。上课时从来不举手发言，即便老师点名要他回答问题，他也总是低着头回答，声音很小，而且满脸通红。

下课除了上厕所之外，总是静静地坐在自己的座位上发呆。老师让他去和同学们玩，他只会不好意思地笑一下，依然坐着不动。平时在家里总把自己关在屋子里，不和朋友们去玩。周末的时候，父母想带他一起出去玩，或去朋友家里做客，他也不愿意去，甚至连自己的爷爷奶奶家也不愿意去。

小东身上的现象，就是自卑的表现。自卑，就是一个人严重缺乏自信，常常认为自己在某些方面或各个方面都不如别人，经常以自己的缺点与他人的优点比较。自我评价过低，瞧不起自己，这是一种人格上的缺陷，一种失去平衡的行为状态。

心理学家认为，自卑经常以一种消极防御的形式表现出来，如嫉妒、猜疑、害羞、自欺欺人、焦虑等，自卑会让人变得非常敏感，经不起任何刺激。假如一个孩子被自卑心理所笼罩，其身心发展及交往能力将受到严重的束缚，才智也得不到正常的发挥。

孩子产生自卑心理，基于多方面的原因。例如，父母能力较强，对孩子期望过高，往往会让孩子感觉自卑，生活在这样的家庭里，孩子总认为"爸爸妈妈什么都行，我什么都比不上他们，怎么努力都没用"；有的则是家庭不完整，容易让孩子产生自卑，生活在破裂家庭中的孩子，得不到父母足够的爱，觉得自己是被社会抛弃的孩子；有的父母采用粗暴、专横的教育方式，严重地伤害了孩子的自尊心，往往会让孩子产生自卑心理；有的是父母自身有自卑情绪，平时总说"我不行"，潜移默化地影响孩子，使孩子产生自卑心理。

❤心理支招

1. 避免苛求孩子

父母要帮助孩子建立自信，克服自卑心理。所以父母对孩子的要求要适当，不能苛求孩子。父母对孩子的要求应与孩子的实际能力和水平相适应。若孩子取得了好成绩，父母应及时表扬、鼓励，让孩子对自己充满信心。对于那些成绩稍差的孩子，父母应予以关心和安慰，帮助孩子分析原因，总结经验和教训，给予孩子耐心的指导，一步步帮助孩子提高成绩。

2. 丰富孩子的知识

当许多孩子一起交谈的时候，有的孩子说得滔滔不绝、绘声绘色，而有的孩子却只是在一边听，一言不发。这是什么原因呢？这主要是由于孩子的知识面不同，有的孩子见多识广，有的孩子知识面较为狭窄。而那些知识面较为狭窄的孩子更容易自卑，父母需要有意识地帮助孩子丰富知识，开阔孩子的眼界。

3. 给予孩子一定的心理补偿

消除孩子的自卑心理，父母要善于发现他们的优点和缺点，并为孩子提供发挥长处的机会和条件；让孩子学会理智地对待自己的短处，寻找合适的补偿目标，从中吸取前进的动力，将自卑转化为一种奋发图强的动力。

4. 引导孩子交朋友

自卑的孩子大多比较孤僻、不合群，喜欢把自己孤立起来。而积极的人际关系会为孩子提供必要的社会支持系统，利于自身压力的缓解和释放，性格也会变得乐观起来。而且孩子在与人交往的过程中，会更加客观地评价自己和他人。父母要多鼓励孩子交朋友，并教给他们一些社交技能。

5. 帮助孩子获得成功经验

当孩子成功的经验越多，他的期望值就越高，自信心也就越强。对于自卑的孩子来说，父母要帮助他建立起符合自身情况的抱负，增加成功的经验。当孩子遭遇困境，心生自卑的时候，父母可以引导孩子去做一件比较容易成功的事情，或者参加感兴趣的活动，以消除自卑。例如，当孩子在考试中失利了，不妨让他在体育竞赛中找回自信。

6. 采用小目标积累法

许多孩子产生自卑，往往是由于对自己要求过高，将自己已经取得的成绩忽略了，他只沉浸在大目标无法实现的焦虑中，心理上就经常笼罩着悲观、失望的阴影。对此，父母可以帮助孩子制定一些能在短时间实现的小目标，引导孩子向前看，从已经实现的小目标中得到鼓舞，增强自信。随着小目标的积累，不但会形成实现大目标的动力，而且会让孩子形成足以克服自卑的信心。

7. 引导孩子正确面对挫折

孩子在生活中难免会遇到失败和挫折，而失败的阴影是产生自卑的温床。对此，父母需要及时了解孩子的心理变化，予以指导，帮助孩子及时从失败的阴影中走出来。父母可以帮助孩子将失败当作学习的机会，分析失败的原因，从失败中吸取教训，也可以帮助孩子将那些不愉快、痛苦的事情彻底忘记。

8. 尊重孩子的自尊心

有的孩子自尊心较强，假如做错事情，自己就会很内疚。假如父母这时再冷嘲热讽，盲目责骂，就会严重挫伤孩子的自尊心。孩子就会破罐子破摔，表现越来越差。所以，当孩子做错事情，父母应关心、理解孩子，只要孩子知错能改就行了。这样孩子就会排解消极情绪，变得越来越自信。

孩子不愿与人分享——引导孩子摆脱自私心理

父母的烦恼

妈妈发现，自己的女儿娜娜不知道什么时候变得自私起来。小朋友找她借玩具，她摆摆小手说："不借，借给你，我就没得玩了。"她手里拿着好吃的东西，爸爸妈妈开口向她要，她藏得紧紧的："不给不给，给了我就没了。"

认识娜娜父母的人都说这对夫妻非常豪爽，尽管家里条件一般，但别人有困难，他们从来都会热情帮忙。正因为这样，他们觉得欠孩子太多。每一次家里有好吃的，从来不舍得自己吃，全部留给孩子。有一次家里做了孩子最喜欢吃的可乐鸡翅，由于做得多，爸爸妈妈也没顾忌，当他们刚要动筷子时，那盘鸡翅就被娜娜拿到了自己面前："这是我的，你们不能吃。"看到孩子竟这样自私，娜娜的父母感到很难过。

心理学家认为，两岁多的孩子常常是"小气鬼"，想从他们的手里要一点东西，是很困难的。因为这个年龄的孩子自我意识开始形成并发展，出现了第一反抗期。他们根本不会听父母的话，总是与父母对着干。在他们的头脑中有了"我""我的"这一类概念，父母越是让他给别人，或别人越是要，孩子就越不肯给，他似乎在证明自己的力量。

孩子到了3岁以后开始有了以玩具为媒介进行游戏的兴趣，他们开始有了借别人玩或把玩具借给别人的想法，因为他们喜欢和朋友一起共同游戏。这时父母要重视培养和教育，克服孩子的利己主义，培养孩子同情和关心别人的高尚情操。

一项调查显示，近年来有36%的孩子滋长了不尊重别人、不关心别人的自私心理，70%的孩子慢慢变得任性。这种情况的出现，大多是家庭中几代人宠爱、保护孩子的结果。每个人都关心孩子，于是便让孩子产生一种理所当然的至高无上的心理。现代社会，孩子已经不自觉地成了家里的"小皇帝"，时间长了，便形成了自私的性格。这就提醒父母，在把希望和爱倾注于孩子身上的同时，需要防止孩子滋长自私心理。

❤心理支招

1. 让孩子明白对亲人的爱有所回报

父母要让孩子感到自己生活在母爱、父爱或其他爱之中，应对亲人有所"回报"。实际上，孩子会主动回报爱他们的人，愿意送给他们好东西，愿意为他们做事。但是，父母有可能不珍惜孩子这份可贵的情感，出于好心，不忍要孩子的心爱之物，舍不得孩子去做事。时间长了，孩子这份可贵的情感被磨灭了，这时父母才感叹"孩子太自私"，为时已晚。

2. 引导孩子关心别人

父母自己先要做待人热情、关心别人、不自私的人，这样才会在孩子面前有说服力。家庭成员之间，互相体贴、照顾，随时随地嘘寒问暖，从语言到行动让孩子感受到人与人之间的互相关怀。在这个过程中，要让孩子从小学会察言观色，看到别人感情变化，想到别人的心理和愿望，从而愿意做出让步，或者去帮助别人。例如，家人一起看电视时，爷爷打盹了，妈妈不妨引导孩子"看看爷爷怎么了？爷爷是不是困了？他要睡觉了，怎么办呢？"让孩子意识到应关电视，让爷爷好好睡觉。

3. 让孩子懂得分享

父母在家庭中应制定规矩：有好吃的东西，大家都应该吃。即便是单独给孩子吃的东西，也要求他给大人分一点。父母在这时候不要推辞或假装吃一点，时间长了，孩子会觉得只有他自己应该吃，给父母不过是装装样子，或好玩，一旦父母真的吃了，孩子则会大哭。孩子暴露了他的自私心理，也暴露了家庭中不良习惯带来的影响。

4. 不要一切都顺从孩子

孩子处于从本能走向自觉的阶段，是人的心理和性格开始萌芽的重要时期。在这个时期，为孩子创造一种良好的教育环境，对孩子今后的心理和性格的造就具有很大的影响作用。有的父母一看到家中的小皇帝发脾气，不论要求是否合理，一切都顺从孩子。孩子要吃什么，父母就做什么；孩子要什么，父母就买什么。在父母的百般呵护下，孩子的自我意识增强，家中一切都必须以他的情绪变化和要求为中心，假如达不到要求，就发脾气，这就是滋长孩子自私观念的温床。

5. 给孩子出"难题"

对于大一点的孩子，父母可以出难题，如"只有一个苹果，应该怎么办？""水果有大有小，应该怎么办？""其他小朋友要借用你心爱的东西，怎么办？"等，父母在引导孩子解决这些难题的时候，不要以压制手段破坏了他的情绪，使他产生对抗心理，又不要放任自流，随便他怎么样。应当顺其自然，孩子处理得好，父母应及时表扬、鼓励；若处理不当，父母应该指导，事后与他耐心地谈一谈：为什么不能这样而要那样，为什么这样做不对，让孩子知道尊老爱幼，懂得关心别人。

6. 精神奖励

许多教育研究证明：精神鼓励的作用要比物质奖励大得多，效果也好得多，原因就是能避免一些物质奖励带来的弊病。父母对孩子能关心别人，有好东西让大家分享，或做出一定牺牲的举动，要给予肯定、赞许，但不要大惊小怪地予以奖赏。不恰当的物质奖励不利于培养他无私的品格，反而会使孩子为了追求奖赏而去做事，一旦一次没有给奖赏，下次可能就不做了，这样反而滋生了孩子的利己主义。

他都没什么了不起——引导孩子克服自负心理

父母的烦恼

小然是一名小学5年级的学生,她担任班里的学习委员。而且她在各方面都比较优秀,不仅模样长得漂亮,学习成绩好,还会弹钢琴,书法也不错。不过近来老师反映小然越来越自负了,她总是瞧不起别人。

平时在学校,小然不主动和别人接近。当同学向她问问题的时候,她会觉得很烦,且明显表现出不愿意搭理别人的意思。前阵子,小然买了一条漂亮的裙子,同学丽丽第二天也穿了一模一样的裙子。丽丽来到小然面前,本想让小然惊奇一下,谁知道小然看见后十分生气地说:"哼!烦死了!一天到晚跟着别人学……"丽丽听了脸一红,低下头。丽丽从此再也不主动接近小然了。

心理学家认为,自负心理是自我认知缺陷的一种表现。自负的孩子处处瞧不起别人,对父母也表现出傲慢无礼,缺乏自知之明的心理。通常情况下,自负多表现在独生子女身上,或者那些家庭条件比较优越、具有某种先天优势的孩子身上。

自负的孩子往往看不到自己身上的缺点,却抓住别人的缺点不放。他们无限放大自己的优点,以至于忽略了自身的缺点。可以说,自负是以超越真实自我为基础的一种自傲态度,是一种不良个性的具体表现。自负的孩子常常过于相信自己,从而产生任性的行为。当然,这些孩子往往难以和同学们友好地相处,因为他们不能做到平等待人,总是以高人一等的态度对待人,甚至喜欢指挥别人。他们大多情绪不稳定,当别人不理睬他们时,就会感到沮丧;当他们遭遇失败和挫折时,又会从骄傲走向悲观、自卑和自暴自弃，否定自己，觉得自己什么都不如别人。

孩子的自负心理大部分来源于父母的家庭教育，许多父母以对孩子的娇宠代替了正确的道德品质的教育。父母的娇惯使得孩子过分注重自己，以为自己一切都了不起，容易产生盛气凌人、自负的心态。可以说，家庭的过分娇宠是孩子产生自负心理的第一根源。此外，有的父母将"以成败论英雄"的观念潜移默化地传递给孩子，让孩子树立了"只有强过别人，自我才有价值"的思想。孩子一旦赢过了别人，例如，在学习上取得了优异的成绩，就认为自己无所不能，看不起同学。时间长了，就出现自负心理了。

❤心理支招

1. 改变对孩子的评价方式

父母要慢慢改变对孩子的评价方式，对孩子的评价应实际、客观。孩子身上总是有不足之处的，父母不要因为溺爱孩子就不切实际地吹捧孩子，特别是不要在他人面前没完没了地表扬孩子，这样很容易形成孩子的自负心理。

2. 少表扬，适当批评

当孩子成功地完成一件事，要让他知道这是理所当然的，尽可能不在众人面前夸奖他。当别人夸奖自己的孩子时，父母应适当转移话题。父母对孩子的表扬应适当，对孩子的批评也要恰如其分，既不能以偏概全，也不能掩耳盗铃、视而不见，而应客观地指出孩子的不足之处，这样才可以帮助孩子正确地认识自己。

3. 不给特殊待遇

父母要尽量少给孩子特殊待遇。在家庭中，父母要把孩子当作普通的一员，不要让他成为中心人物。家里来了客人，除了正常的礼节之外，不要让孩子过多地表现自己，更不要在客人面前过分夸赞自己的孩子。

4. 改变自己的教育观念

孩子身上的缺点大部分是由于父母的教育方式不当所引起的，不管是孩子的自理能力差，还是孩子的意志软弱、自负心理严重，大部分是父母过分溺爱孩子、保护孩子所导致的。因此，心理学家建议父母一定要理智地爱孩子，科学地教育孩子。

5. 让孩子多接触社会

父母要给孩子多一些接触社会的机会，当他们看到外面纷繁复杂的世界，接触到比自己更优秀、更具专长的人，认识到"一山还比一山高"的道理，就不会因为自己的一点小成绩而沾沾自喜了。所以，父母可以多带孩子出去走走，看看外面精彩的世界，开阔视野。

6. 对孩子进行挫折训练

父母可以有意识地对孩子进行挫折训练，让其尝试失败的经验。父母可以交给他一些较难的事情去做，当他没能完成任务时，要帮助他分析原因，使他看到自己的不足。父母还可以和孩子一起玩竞赛性质游戏，如智力竞赛等。在这些活动中，要让孩子有输有赢，输的次数要多于赢的次数。当孩子失败时，需要教他学会调节自己不愉快的情绪，能接受失败的考验。

我偏要这样做——让孩子克服任性心理

父母的烦恼

楠楠的任性使父母万分头痛，从幼儿园回来后，就一刻不停地在屋里又蹦又跳，一会儿窜到沙发上，一会儿又爬到床上，屋里被弄得凌乱不堪，他自己也浑身大汗，满脸通红。在看电视时，总爱把音量调得很大，家里人简直没办法说话、学习和休息，谁要是说他两句，他就大吵大闹，也不管地上是水还是泥，躺在地上又哭又叫。

如果家里来了客人，楠楠则像发了"人来疯"一样，喜欢拿着东西乱扔，一会儿投个布娃娃，一会儿又抛个小玩具，甚至把一张抹布扔进香喷喷的排骨汤里。

在生活中，我们经常看到一些孩子，为了达到某种目的而特别任性，有时甚至会哭闹不止，把父母搞得精疲力尽而不罢休。面对这样的情况，有的父母选择退让，或者听之任之；有的父母则把这种任性完全归咎于自己对孩子太娇惯。

据美国儿童心理学家威廉·科克的研究表明，孩子任性是一种心理需求的表现。孩子随着生理发育，开始慢慢接触更多的事物。他们对这些事物的正确与否，不可能像父母那样可以全面地分析，甚至做出判断。孩子只是凭着自己的情绪和兴趣来参与和感受，虽然这些事物往往是对他不利的，或者是有害的。这时父母会以成年人的思维去考虑他参与的结果，完全忽略了孩子参与的情绪和兴趣。

处于独立性萌芽期的孩子，一切事情都想亲力亲为，什么都想弄个透彻，这本来是一件好事。不过，这种"亲力亲为"的心理，往往会在不合情理中表现出来。父母对于这样的情况，不可全权包办代替，也不要断然拒绝。否则，孩子的任性心理将更加严重。孩子的任性，其实是一种与父母对抗的逆反心理，其根源又在于父母没有重视他们的心理需求。

❤心理支招

1. 培养孩子良好的行为习惯

培养孩子良好的行为习惯，可以从根本上解决孩子的任性。父母可以让孩子从小养成良好的行为习惯，处处按照要求做，孩子就可以自觉地和父母保持一致了。一旦孩子养成了良好的生活习惯，做什么都有规矩，就不会随便提出一些特殊和过分的要求。

2. 坚持原则

孩子任性往往抓住了父母的弱点，父母越怕孩子哭，孩子就越是哭个没完；父母越怕孩子满地打滚，孩子就偏在地上滚个没完。父母对孩子提出的不合理要求，不论他怎么哭，怎么闹，绝不能有任何迁就的意思，坚持原则，态度坚决，而且势必坚持到底。

3. 情感上理解，行为上约束

父母要在情绪上表示理解，但在行为上要坚持对孩子的约束。例如，在吃饭的时候，孩子发现桌上没有自己喜欢吃的菜，就生气地拒绝吃饭。即便家里有相应的食材，父母也不要迁就孩子给他做，应明确表示饭菜已经准备好了，就不应该随便换。假如孩子继续哭闹，就让他饿一顿，等他觉得饥饿时，自然会寻找东西吃。

4. 鼓励孩子多与小伙伴玩

群体生活的一个重要原则就是少数服从多数，假如个人的意愿与多数人不一致，那就很可能会被否定。父母可以多让孩子与同伴玩耍，因为在同龄人中间，假如孩子总是任性，他就会被群体孤立。即便在家中，比较任性的孩子处于群体之中时，他也不会随便把自己的小性子表现出来，他们觉得自己任性只会遭人讨厌。这样时间长了，孩子身上任性的毛病就会慢慢淡化。

5. 适时表扬

有的父母认为孩子就是这样任性，估计是改不了的。实际上并非如此，孩子毕竟还小，只要父母善于诱导，完全可以改变他任性的毛病。父母在诱导时要多利用积极因素，用积极因素克服消极因素。每当孩子任性时，父母就表扬他的优点，孩子听到表扬之后情绪自然就缓过来了。

6. 转移孩子注意力

当孩子任性的时候，父母可以利用孩子容易被其他新鲜事物所吸引的心理特点，把孩子的注意力从他坚持要做的事情上转移开，从而改变孩子的任性行为。假如孩子在一个地方玩得很上瘾，不管父母怎么说他都不愿意离开，这时父母不妨说："走，我带你去坐汽车。"孩子就会愉快地答应下来。

第 10 章

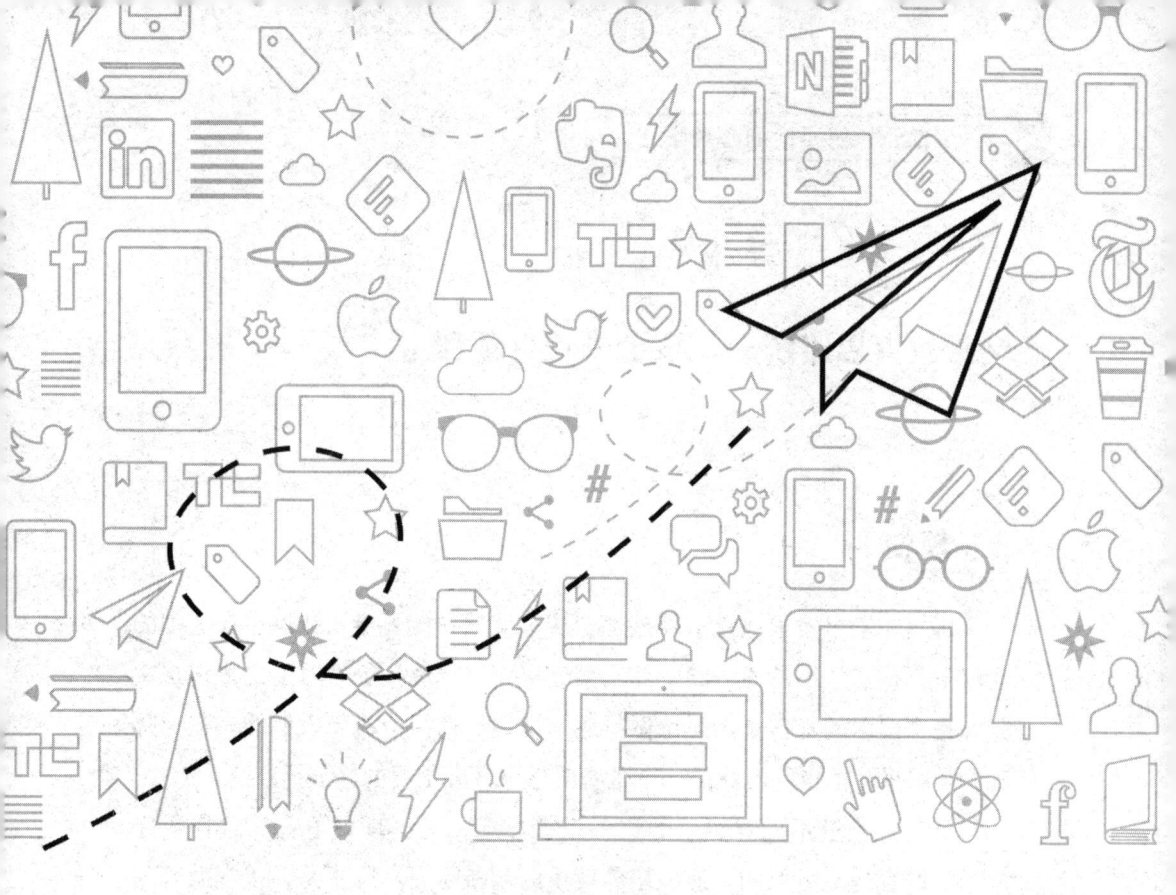

亲子沟通心理学：
引导孩子远离成长叛逆的怪圈

对于父母与孩子之间的亲子关系是否良好，亲子沟通技巧具有关键的作用。可以说，良好的亲子沟通可以让家庭气氛更和谐，教养子女更轻松。不过，许多父母感叹和孩子难以沟通，或已经尽力去和孩子沟通，然而亲子关系还是不太融洽。对此，父母需要掌握一些亲子沟通的心理技巧，才能与孩子之间建立有效的沟通桥梁。

父母教育思路统一，孩子成长更顺利

父母的烦恼

妈妈在学习上很注意引导孩子，从小就教导孩子要知礼仪。在老师的建议下，孩子从小就通过阅读《三字经》《弟子规》等学习了很多传统文化，是个出名的乖孩子。无论做事还是说话，都像个成年人似的。在老师和同学眼里，他也绝对算是一个既聪明懂事又会学习的好孩子。

可是，爸爸不同意妈妈的这一教育方式，他据理力争："这样墨守成规的教育是不可取的，应该培养孩子的创新能力。"于是，爸爸鼓励孩子多坚持自己的想法，千万不能随波逐流，要有创新精神，即使被老师批评了也没有关系。爸爸和妈妈之间的教育思想产生了冲突，两个人经常争论，有时候还会发生争吵。

父母对孩子的教育思想不统一，这对孩子的心理发展是极为不利的。当父母双方的教育思想难以达成统一，就会使两人的教育同时被弱化，让孩子感到无所适从，也会使孩子的是非判断标准混乱。孩子小时候不知道该听谁的，长大后就可能谁的都不听了，他（她）已经厌倦了不同教育思想的冲突，做事会患得患失、犹豫不决。另外，还极有可能让孩子形成一些不良的行为习惯，因为有可能父母二人的教育方式都是有所欠缺的，例如，溺爱与棍棒教育，这样的孩子在面对不同的教育时，他们就会更容易沾染一些不良的行为习惯，继而影响孩子一生。

心理学家认为，在家庭里，教育孩子是父母的共同责任。但是，在教育孩子的问题上，父母很容易存在意见分歧，经常会出现种种矛盾，这时候还会影响父母在孩子心中的形象。父母之间如果存在着教育分歧，并常常把这样的分歧暴露在孩子面前，就很容易损伤父母的权威性，继而影响父母的教育效果。

心理支招

1. 父母要"统一战线"

在日常生活中，如果父母在孩子的教育上存在意见分歧，这时候，双方都认为自己教育孩子的方法是对的，而对方那种教育方法是错误的。从这种"自以为是"的心理出发，每次在需要教育孩子的时候，常常因为看不惯对方的做法而产生争执。这样，就会让孩子在观念上产生混乱，不知道自己到底该怎么做。而且，父母教育思想如果长期不一致，就会导致互相指责，继而发生争吵，这样会影响两人之间的感情，也给孩子心理带来不良的影响。所以，父母要统一教育思想，两人通过商量的方式来沟通，尽量使彼此的意见达成一致。

2. 切忌当着孩子的面为教育分歧而争吵

父母对孩子的教育意见不一致的时候，不要当着孩子的面批评对方，这样会让对方感觉丢面子，容易发生争吵；而且被批评的那一方在孩子心中的形象会受影响，从而减弱了教育力度。这时候，父母双方都要学会克制自己的情绪，先避开孩子，两人协商出一个最好的解决办法。若在教育孩子的过程中，由于父母的教育方法不当而伤害了孩子，父母需要向孩子真诚地道歉。

3. 多涉猎一些教育方面的知识

教育孩子是一门学问，对孩子的教育是父母共同的责任。孩子身心健康地成长需要和谐的家庭教育，不能光靠父亲或母亲一方的教育，而需要父母二人的共同教育。父母在教育孩子的时候，态度要统一，口径要一致，互相商量；对一些不懂的问题，要善于向教育专家请教，或者学习一些儿童心理学、教育学和生理学方面的知识。父母在教育孩子的过程中，之所以会出现那么多的问题，重要原因之一就是缺乏科学的认识。所以，父母要想教育好孩子，就要学习一些科学的教育知识，懂得科学的教育方法。

4.让孩子自己选择

当父母的教育思想不一致的时候，还可以听听孩子的感受，让孩子做出选择。当然，让孩子自己选择，并不是把矛盾推给孩子，而是通过孩子的选择，避免教育分歧。另外，让孩子选择，主要是选择能够成功地在孩子身上实施的教育方法。因为不管你的教育思想是否先进，它的关键都是让孩子能够接受。一些教育方法在孩子身上是没有效果的，而且不同的孩子个性特点不相同，他（她）所能接受的教育方式就有所差别。并不是说孩子的选择是正确的，而是尽可能地从孩子的角度出发，协商出适合孩子特点、利于孩子健康成长的教育方式。

了解自己的孩子，判断孩子别片面

父母的烦恼

放学路上，孩子拉着一张苦瓜脸，无论妈妈怎么说，孩子就是不说话。妈妈憋不住了，因为刚才老师向自己反映孩子在上课时吃东西。妈妈情绪上来了，对孩子不分青红皂白就责备："听说你上课吃东西，你怎么回事呢？妈妈这么辛苦到底是为什么呢？你为什么总是做一些令妈妈伤心的事情呢？"孩子一脸委屈："我没有，我只是……"孩子还没来得及说完，妈妈就大声说："你只是什么？只是上课吃东西吗？你为什么总是喜欢为自己找借口呢？难道做了错事，还理直气壮地为自己找借口……"

回到家，孩子在日记本上写道：今天我感到很难过，因为妈妈在不了解真相的情况下批评我。也不问我为什么要这样做，就直接说我不对。其实昨天老师怀疑我抄同桌的作业，但是我根本没有抄他的作业，我觉得被冤枉了，所以我故意在上课时吃东西，结果又被老师当众批评了。

"你了解自己的孩子吗?"父母们在被问到这个问题时,几乎都会给予肯定的回答:"当然了解!"俗话说:"知子莫若父。"所有父母在一定程度上都是了解自己的孩子的,并且他们能够说出一些孩子的特点。因为从孩子出生起,父母就是孩子最亲密最值得信赖的人,所以,父母可以肯定地说"我很了解自己的孩子"。但是,父母自己的看法却是不够全面的,有着很多偏差,以至于出现"察子失真"的现象,这究竟是什么原因呢?

英国教育家、思想家洛克指出:"教育上的错误比别的错误更不可轻视,教育上的错误正如配错了药一样,第一次弄错了,决不能弄错第二次、第三次去补救,它们的影响是终身洗刷不掉的。"家庭教育也是一样的道理,父母是孩子的第一位老师,担负着教育孩子的责任。这时候,父母首要的任务就是观察并了解自己的孩子。

在现实生活中,许多父母经常与孩子在一起,却对孩子的一些行为表现熟视无睹或者视而不见;大多数父母忙于自己的事业发展,为生活琐事所累,他们很少有时间来观察孩子、了解自己的孩子,所以,在父母心中并没有形成对孩子正确、全面的认识。其实,了解孩子才是教育孩子的前提。如果父母对自己的孩子都缺乏一定的认识,那又何谈教育呢?

❤心理支招

1. 充分了解自己的孩子

有的父母觉得自己天天与孩子在一起,对孩子难道还不够了解吗?其实,许多父母对孩子的了解还停留在表面上,并没有通过细心地观察来细致了解,对自己的孩子了解得并不深入,没有从整体上把握孩子。父母可以在下班后与孩子进行交谈,建立信任关系,观察孩子的情绪、性格特点、兴趣爱好,充分全面地了解孩子。

2. 判断孩子切忌片面性

有的父母观察了孩子的行为,但他们总是带着片面的心理来判断孩子,对孩子的想法、行为以及做事判断得不够准确。有的父母看到孩子某些方面比较迟钝,就认为孩子很"笨";有的父母觉得孩子唱歌不错,就觉得应该让孩子学习唱歌。父母这样片面性地判断，对孩子的成长极为不利。

3. 经常与孩子聊天

在现实生活中，不少父母存在着与孩子交谈不足的问题。许多妈妈与孩子每天的交谈连30分钟都不到，爸爸则更少。但是，父母却花了更多的时间购物或者看电视。其实，作为父母，养成与孩子交谈的习惯非常重要。父母经常与孩子沟通，有利于培养孩子乐观、开朗的心理素质，减少和预防心理障碍的发生。而且，父母在与孩子交谈的过程中，还可以通过对孩子语言和举止的观察，了解到孩子在这一成长阶段表现出来的特点。

4. 观察孩子与其他同龄孩子的异同

除了观察自己的孩子以外，父母还要善于观察与自己孩子同龄的其他孩子。同龄孩子的身体、智力、心理发展特点都是类似的，如果自己的孩子最近比较沉默寡言，这说明孩子有心事了，或者显得比较早熟。而且，父母还可以制造一些情景，例如，带着孩子参加活动，带着孩子造访亲友，这样都可以观察孩子与平时不同的表现，了解孩子的行为特点。

其实，孩子就在身边，关键是父母要做一个有心人，要通过孩子的一举一动，一个表情，或者一句语言，了解孩子的心理、情绪，全面了解孩子，把握孩子内心深处的东西，从而对孩子进行有针对性的教育，促进孩子个性的发展。

微笑和鼓励是开启孩子心门的钥匙

父母的烦恼

妈妈有些望子成龙的迫切心情，平时最关心就是孩子的学习。每天孩子高高兴兴、蹦蹦跳跳地背着书包放学回来时，总是兴高采烈地喊上一

第10章 亲子沟通心理学：引导孩子远离成长叛逆的怪圈

句："爸爸妈妈，我回来了。"在书房里忙活的爸爸应了一声，妈妈则板着脸问："今天学习怎么样？布置了哪些作业？最近又考试没有？考得怎么样？"在妈妈连珠炮般的追问下，孩子一张笑脸变成了苦瓜脸，悻悻地提着书包进屋学习去了。

时间长了，孩子就有意地避开妈妈，放学回来也不像以前那样兴高采烈地高声呼喊了，而是偷偷地溜进自己的房间，有时候甚至把门也锁上。隔着房门，妈妈也是语气冷冽地问："这次考试怎么样？"孩子只是闷闷地应一声"嗯"。

离期末考试越来越近，妈妈感觉到孩子与自己的距离越来越远了，孩子话更少了，总是一副郁郁寡欢的样子，有时候还发现早上偷偷地抹眼泪。妈妈询问，孩子也不吭声，妈妈慌了，这孩子是怎么了？

许多父母很关心孩子的学习，眼睛总是死死地盯住孩子的学习成绩，每天就像例行公事一样冷冰冰地询问孩子"今天学习怎么样""考试了吗，考得怎么样"，望子成龙的心切让他们忽视了对孩子健康的重视，尤其是孩子的心理健康。当你每天都在问候孩子的学习情况，是否有问"你今天过得快乐吗"。即使孩子本来愉快的心情，在父母冷冰冰的语调下，以及板着脸的注视下，也会消失得无影无踪。于是，父母抱怨"孩子越大越不听话，连父母的话都不听了"、"感觉到孩子与我有了很深的隔膜，也不像以前那样跟我亲近了"，问题的根源就是父母的微笑太少了，责备太多了；鼓励太少了，批评太多了。当孩子想与父母进行有效地沟通，父母却关紧了自己那扇心灵之门，只留给孩子一张面无表情的面孔，试问，孩子还会与你亲近吗？

心理学家研究发现，健康性格是感受和创造快乐的重要方面，注重培养孩子快乐的性格，有利于孩子健康成长。孩子需要父母的微笑，需要父母友好的态度，而不是公事化的语调或者面无表情的一张脸。有时候，当父母在抱怨"孩子开始疏远自己"，这时候很大程度上源于父母对待孩子的态度。虽然父母是成年人，可能会有许多生活和工作的烦恼，但是在面对孩子的时候，请对孩子多一些微笑，走进孩子的心灵深处，了解他们的思想，把你的快乐传递给孩子，缩短与孩子之间的心理距离。

❤心理支招

1. 和谐愉快的家庭氛围

有的家庭气氛比较容易紧张，父母总是板着一张脸，为了一点小事就吵架。心理学家认为，在这种家庭环境中长大的孩子，容易疏远父母，甚至容易出现不良的行为。家庭对于孩子来说是一个温馨的港湾，一个可以嬉笑快乐的地方。愉快的家庭气氛，可是使孩子养成乐观、积极、向上的性格。同时，可以增加父母与孩子之间的亲密度，因为父母那友好的笑脸给予孩子信任与温暖。所以，父母之间互敬互爱，多对孩子笑笑，家庭环境充满了欢声笑语，对孩子来说这是非常重要的。

2. 在孩子面前控制自己的情绪

有时候，父母也会因为工作和生活上的一些烦恼而愁眉苦脸，这时候，为了孩子健康成长，需要努力控制自己的情绪，面对孩子露出笑脸，让孩子感染快乐的情绪，与自己亲近起来。许多父母自己有了烦恼，就会对孩子大吼大叫，冷着一张脸，说话也用冷淡的语调；有的父母在孩子犯了错时，控制不住自己的情绪，对孩子施行打骂教育。这样时间长了，孩子就会逐渐远离父母，与父母之间的隔阂越来越深，根本不利于父母与孩子之间的顺利交流。所以，在孩子面前，父母需要努力控制自己的情绪，多给孩子一些微笑，多一些鼓励，这样孩子与你的距离就越来越近。

3. 多一些微笑与鼓励，少一些责备与批评

家庭教育是教育的重要部分，家庭教育的方式也成了重中之重。父母对孩子要多一些微笑与鼓励，少一些责备与批评。责备越多，孩子所受到的心灵伤害就越多，他（她）的心理对你增加了防御与反抗，父母与孩子之间的距离就会越来越远。所以，父母要改善自己家庭教育的方式，给孩子多一些微笑与鼓励，少一些责备与批评，做孩子最亲近的知心朋友。这样，在孩子的成长路上，你才能走进孩子的心灵世界，读懂孩子的真实内心。

顺应孩子的特点，肯定孩子的优点

父母的烦恼

张太太周末带着孩子去邻居家串门，正好碰到李太太正生气地训斥孩子，那孩子看起来很害怕，身子也不停地颤抖，连正视李太太的勇气都没有。李太太见来了客人，收敛了自己的情绪，还不忘对着孩子骂了一句："我说你真是笨啊，朽木不可雕也。"两个妈妈盼咐自家孩子："你们一起出去玩吧。"两个小男孩就出去了。

张太太和李太太开始聊起了孩子的教育。李太太说，孩子不争气，这次期中考试几门功课都才及格而已。张太太能体会李太太那种望子成龙的心情，但孩子那惶恐的表情更让自己心疼。张太太有些担心地问："孩子跟你亲近吗？""什么亲近不什么亲近的，每天都在家里，不过除了我教训他，他可从来不敢在我面前讲话。"李太太有气无力地回答。张太太听了这话，有点担心那孩子的心理，不顾李太太的面子，严肃地说："看你骂孩子笨蛋，难道孩子就像一块废铁，一点优点都没有吗？"

每个孩子最初都是一张干净的白纸，而后来每张白纸都会被人不同程度地伤害，或父母或老师。最终，被伤害的孩子疏远了父母，与父母之间形成的隔膜日渐深厚，可我们还是听到父母大声地责备："你怎么永远那么笨。"教育专家研究发现，在一个普通家庭里，一个孩子平均每受到十次批评才能得到一次表扬。所以，许多孩子在成长过程中总是感觉到自己很失败，他们封闭了自己的世界，变得性格孤僻、敏感。其实，大部分都是由于父母在每天与孩子的谈话中传递给他们这样的负面信息。

很多父母都会犯这样的错误，总是大肆宣扬自己孩子的缺点，好像孩子真的浑身上下一无是处。但是，当有人问到孩子的优点时，他们却支支吾吾答不上来。许多父母对自己的孩子不满意，要求越苛刻，孩子表现就越差，而且性格越来越孤僻，真正成为了父母口中所说的"失败者"。难道孩子真是像父母说的那样没用吗？每个孩子都有自己的优点与缺点，愚笨的父母只放大了孩子的缺点，却忽视了孩子的优点。事实上，孩子在成长过程中需要适当的赞扬，他们才更有勇气去挑战未来，而一味地责备与批评只会打击孩子的自信心，让他们变得自卑，变得敏感。其实，每个孩子都是优秀的，这种优秀需要父母的耐心和宽容才能展现。多看看孩子的优点，这是所有处于困惑中的父母所需要做的。

❤心理支招

1. 积极肯定孩子的优点

有的父母看到了孩子的优点而给予了赞扬，但这样的赞扬只会短暂地出现，让孩子感到骄傲与自豪。当孩子的优点成为一种习惯的时候，他们就觉得孩子的表现已经得到过肯定，便不再进行赞扬了。事实上，这时候孩子会觉得自己受到了打击，没有被肯定，慢慢就失去了做事情的兴趣。孩子在表现出彩的时候，父母应该给予正面的赞扬与肯定。积极的正面肯定会让孩子感受到父母的喜悦，给孩子带来愉快的心理感受，这样强化孩子的表现，促使孩子做得更优秀。

2. 顺应孩子的特点，欣赏其独特的一面

每个孩子都有自己的特点，有的孩子可能还有轻微的自我封闭倾向。父母不要感到大惊小怪。这些特点也是孩子人格的一部分，父母的斥责只会激起孩子的逆反心理，让孩子个性倾向越来越严重。如果父母发现孩子有一些与众不同的特点，寻找出其特性中的积极因素，因势利导，帮助孩子变得快乐、自信起来。

3. 善于发现孩子的闪光点

每个孩子都是优秀的，父母需要有一双能够发现闪光点的眼睛，这就需要父母去努力发现孩子的优点，给予孩子肯定与鼓励，帮助孩子树立起自信、完善自己的人格。例如，有的孩子总是在家里搞破坏，喜欢把东西拆开，表面上看这是一种调皮的行为。但父母若从另外一个角度看，孩子是喜欢动脑筋的聪明孩子，对于孩子的聪明要给予正面肯定，对于孩子的行为也要积极引导，而不应打击孩子的积极性。父母一定要保持冷静，善于去发现孩子的闪光点，尽量以鼓励为主，多一些宽容，少一些苛刻，这样才有利于孩子健康地成长。

理解孩子的梦想，引导孩子实现目标

父母的烦恼

孩子小学三年级的时候，妈妈在同事那里听说，孩子如果作为特长生升中学，考试时会有加分的特殊待遇。妈妈想起了孩子的绘画才能，兴奋地回家给孩子说了大半天，可是孩子反应平平。妈妈自作主张给孩子报了绘画培训班，并且事后告知了孩子，孩子显得很生气："妈妈，我还没有说自己要去学习绘画呢，我长大之后不想当画家，再说现在功课这么紧张。"妈妈不以为然："妈妈也是为你好，这样你上重点中学就有把握了，妈妈已经把学费都交了，你就去学吧。"孩子在妈妈的强烈催促下，无奈地去参加了绘画培训班。可是，后来孩子的绘画非但没有取得进步，反而学习上耽误得太多，成绩也下降了。

在现实生活中，父母往往喜欢为孩子设计梦想，甚至自作主张地刻上自己梦想的痕迹。当孩子进入幼儿园，父母就为孩子规划一步步的成长历程，还想好了孩子以后要学什么专业，成为一个什么样的人。父母不顾孩子的兴趣与想法，强行要求孩子沿着自己设计的途径发展，如果孩子违背了自己的意愿，就会责骂孩子，否定孩子所取得的成绩。作为父母，有着望子成龙的心理是可以理解的，但是，为了孩子能够有一个美好的未来，应该尊重孩子自己的选择，不要把自己的愿望强加在孩子身上，也不要给孩子过大的压力，这样才能帮助孩子实现美好的梦想。

孩子到了一定的年龄阶段，他（她）的自我意识越来越明确，有了自己的想法和梦想。在孩子那小小的心里，甚至想好了自己要成为一个什么样的人。这时候，父母要尊重孩子的梦想，积极引导孩子，呵护孩子的梦想，不要打击，也不要否定，而是给予全力的支持。父母作为孩子的领航者，应该帮助孩子自己设计梦想，给他（她）的梦想装上翅膀，给孩子一个广阔的天地，让梦想翱翔于蓝天。

❤心理支招

1. 尊重孩子的梦想

父母在培养孩子某些方面的能力的时候，必须首要征求孩子的意见，尊重孩子的梦想。父母可以依据孩子平时的兴趣去理解孩子的梦想，明白孩子真正需要的是什么。即使孩子的梦想与父母的设计有一些偏差甚至严重脱节，父母也要冷静地与孩子沟通，以孩子的梦想与选择为主，在尊重孩子梦想的基础上，向孩子表达自己的想法，让孩子充分理解父母的想法。但是，最终的选择权应该交给孩子，父母千万不能擅自做主。

2. 不要把自己的梦想强加给孩子

有的父母自己是医生，认为医生就是最伟大的职业，于是，他们在对孩子的教育中，不断地把自己的梦想强加在孩子身上，希望孩子能成为一名医生；有的父母则相反，他们受够了自己职业带给自己的痛苦，不断地向孩子灌输这个职业的不好，让孩子一开始就对这个职业充满了反感。实际上，每个孩子都有自己的梦想，父母可以进行积极的引导，但切忌越俎代庖，把自己的梦想强加在孩子的身上。

3. 呵护孩子的梦想

对于孩子的梦想，父母觉得比较合理，就要给予大力支持，但这并不是简单地点头，也不是马上就要求孩子付诸实际行动。让孩子为了实现自己的梦想而努力，这也需要考虑到孩子的接受能力。孩子的梦想是一个循序渐进的过程，在孩子萌发了梦想之初，父母要精心呵护，不要对孩子的梦想不理睬，也不要企图拔苗助长。父母要以理解、宽容的态度来对待孩子的梦想，这样才能使孩子树立稳固的梦想。

如果孩子的梦想有些不切实际，甚至显得很荒唐，父母也要耐心地询问孩子，与孩子进行有效的沟通。对孩子的想法，需要支持的就要给予鼓励，即便是不需要支持的也要先给予肯定，再引导孩子设计自己的梦想。

4. 引导孩子把梦想作为前进的目标

孩子的梦想一旦确立了，父母就可以顺势引导，以梦想激励孩子，鼓励孩子采取一定的行动去实现梦想。父母可以在孩子的成长过程中不断地进行鼓励以及给予一些适当的奖励，让孩子充满自信，追逐梦想。朱永新曾说："谁在保持着梦想，谁就梦想成真；谁在不懈地追寻理想，谁就能不断地实现理想。"父母在教育孩子的过程中，需要更注重寻找孩子的梦想，编织孩子的梦想，以此引导孩子健康地成长。

平等沟通，不妨尝试蹲下来和孩子说话

父母的烦恼

放学刚回来，爸爸就催孩子赶快去写作业，孩子磨蹭着脚步，嘀咕着说："爸爸，我先把这本课外书看完，行不行？"正在为工作而闹心的爸爸有点不耐烦地说："爸爸叫你去写作业，你就去写，不要在那里磨蹭，也不要在那里讨价还价，明白吗？没有看到爸爸正忙着呢。""我也有说话的权利。"孩子小声地说道，就赶紧溜回了自己的房间。

正准备发火的爸爸听到了孩子的那句话，有些不可理解，"你一个小

孩子,有什么说话的权利?爸爸说这些话都是为了你好,你年纪还小,又没有判断力,得听爸爸妈妈的。"

许多父母在孩子面前总是摆出高高在上的姿态,言行举止中透露出作为父母的威严与不容侵犯的权威。于是,对面的孩子显得战战兢兢,在与父母的相处中,他学会了不讲道理,学会了"镇压"的方式,他甚至学会了父母的沟通方式。在孩子的嘴里,也会经常蹦出诸如"闭嘴,我不想再听了"、"你跟我说再多还是没有用,我已经决定了"这样一些言语。父母感到诧异,孩子怎么会用这种语气与自己谈话呢?或者,有的孩子对父母完全关闭了自己的心灵之门,无论父母怎么劝说,孩子就是不肯说出自己内心的想法。

出现这样一些现象,都是因为父母在很多时候习惯以高姿态来教育孩子。他们认为孩子什么都不懂,在很多事情上,父母擅自做主,不允许孩子有一点点逆反的意思。如果孩子提出了异议,父母就会大手一挥:"你懂什么,该干什么就干什么去。"这样一种高姿态扼杀了孩子的表达欲望,也伤害了父母与孩子之间的亲密关系,继而给双方的沟通带来阻碍。

把孩子放在平等的位置,与孩子成为朋友,这些道理父母都懂,但是,在与孩子沟通的时候,父母还是会犯一个严重的错误。父母始终把孩子摆在自己对立面的位置,他们认为自己说什么,孩子就得听什么,凡事以自己为标准,有的父母甚至不知道怎样去放下自己的身段和孩子平等、自由地交流。其实,孩子的心灵世界远比父母想象得还要丰富,也比想象中更敏感,孩子会用自己的标准去判断事物的好与坏,去衡量父母在自己心中的位置。所以,要想了解孩子,与孩子进行顺利的沟通,并不是说几句简单的话就有效果,而需要父母放下自己的高姿态,把孩子摆在与自己同等的位置上,这样才能进行有效而顺畅的沟通。

❤心理支招

1.平等沟通,父母才更受尊重

父母希望自己的想法被孩子接受,就要找准自己的位置,放下自己的高姿态，与孩子进行平等沟通。父母与孩子的平等沟通，不仅仅是位置与角度都与孩子一致，更是思想观念上的一致，尽可能地与孩子站在平等的位置上交流，了解孩子的思想，这样才能真正地了解孩子的所思所想，与孩子实现更有效的沟通。

有的父母说自己的孩子越来越不听话，这时候，父母应该反思自己的教育方式，自己对孩子的了解有多少，是否与孩子进行了平等的沟通。孩子有自己的想法和意见，若父母发现孩子想要表达，就要循循善诱，让孩子大胆地表露出自己的想法。对于孩子的想法，父母如果觉得合理，可以给予支持。当父母实现了与孩子的平等沟通，父母才会更受尊重。

2. 蹲下来，做孩子的朋友

父母感觉孩子处处与自己作对，孩子感觉父母处处限制自己的自由，追根究底，就是因为父母没有能成为孩子的朋友。要想了解孩子更多，与孩子进行更加有效的沟通，就要放下自己的高姿态，做孩子的朋友。当父母把孩子当成了朋友，平等地相处，就可以调动孩子的积极性，让孩子主动意识到学习的乐趣，这比打骂教育更有效。在父母与孩子成为朋友的过程中，孩子体会到了尊重，体会到了与父母相处的快乐；作为父母，收获的将更多。

第 11 章

习惯养成心理学：
引导孩子养成规矩，管好自己

培养孩子最重要的是让孩子养成一个良好的习惯和品格。心理学家认为，当良好的习惯和品格内化成孩子心中的一种意识之后，不管孩子成绩好与坏，以后都会成长为一个对社会有贡献的人。

好习惯决定孩子的命运

父母的烦恼

虽然孩子有很多好的习惯，但是妈妈还是发现了孩子身上还有着许多不良的习惯，特别是吃饭的时候特别明显。孩子不仅有严重的偏食现象，而且吃饭时弄得满桌满地都是饭粒，这让妈妈很不满意。

刚开始的时候，妈妈在吃饭之前就提醒他要保持桌面干净，告诉孩子不要把垃圾放在桌面上，要放在空餐盘中，也警告孩子："不能只吃自己喜欢的，要每一种菜都尝尝，否则妈妈下次就专门做一些你不喜欢吃的菜。"可是，孩子还是改正不了，大不了对妈妈说："我不吃饭总可以吧。"饭桌上依然一片狼藉，妈妈对此很苦恼。

不少教育专家指出：好习惯决定孩子的好命运。一个人习惯的力量是巨大的，一旦他养成了一个习惯，就会不自觉地在这个轨道上运行。如果是一个好习惯，孩子将终生受益，童年则是培养孩子习惯的最佳时期。一位诺贝尔奖的获得者在被记者问及成功经验时，他说："我的成功不是在哪所大学哪个实验室里得来的，而是从幼儿园里学来的。在幼儿园里，我认识了我的国家、民族，学会了怎样与人交流、相处，如何分享快乐，知道了饭前便后要洗手，玩完玩具要收好，对待别人要有礼貌、学会谦让、善于观察等。"由此可见好习惯所带来的巨大益处，小时候养成的良好习惯对其一生都有决定性的意义。

叶圣陶先生曾经说过："什么是教育？简单一句话，就是养成习惯。好的习惯一旦养成，不但学习效率会提高，而且会使他们终身受益。"父母千万不要小看了"习惯"，一旦养成，改起来很难，好习惯是这样，坏习惯也是如此。孩子的习惯一旦形成，就会直接影响孩子的行为方式。俗话说"三岁看大"，这就强调了习惯的重要性。所以，培养孩子良好的习惯就要从孩子日常生活的细微处着手，也就是那些往往被父母忽视的小事，例如，不爱卫生、不尊重人、办事拖拉、不认真、不上进等。

❤心理支招

1. 培养孩子良好的习惯

俗话说："习惯成自然。"习惯一旦形成，就具有一定的稳定性。孩子形成良好的习惯，需要父母与孩子的共同努力。那些不良习惯的改正则需要花更多的时间和精力，与其花费大量的时间来纠正孩子不良的习惯，不如一开始就让孩子养成良好的习惯。当然，好习惯不是一朝一夕就能养成的，必须经过长时间的训练才能够逐步养成。所以，父母对孩子的要求要有一定的持续性，不能三天打鱼两天晒网。另外，父母在培养孩子良好的习惯时，还需要有连贯性，如孩子的爷爷奶奶、外公外婆会比较宠爱孩子，助长孩子的不良习惯，父母对孩子要求则比较严格，这时候就需要稳定地坚持一种教育方式。

2. 帮助孩子纠正不良习惯

虽然父母十分注意孩子的生活习惯和学习习惯，但孩子还是难免出现一些坏习惯。这时候就需要父母帮助孩子纠正不良的习惯。教育孩子是一门科学，必须讲究方法，纠正孩子不良的习惯也是如此。父母要以鼓励和提醒为主，切忌打骂斥责，应进行正面引导，动之以情，晓之以理，循循善诱，在孩子改掉不良习惯的同时，也要把好的习惯渗透到孩子心里，让孩子养成良好的生活习惯和学习习惯。

3. 发挥父母的表率作用

培养孩子良好的习惯，父母就要从自身做起，如果父母本身就没有好习惯，如不爱卫生、花钱大手大脚、喜欢说脏话、做事不认真，这时候孩子看在眼里、记在心里，时间长了耳濡目染，就逐渐把父母身上的不良习惯集于自己身上。所以，要想孩子养成好习惯，父母就必须做出榜样和表率，那些有着不良习惯的父母也需要努力纠正，不断地完善自己，这既是教育孩子的需要，也是自己成功人生的需要。

主动性原则——邀请比要求更重要

父母的烦恼

孩子很聪明，十分可爱，全家人都很喜欢，不过让爸爸妈妈有一点不满意的就是太懒。妈妈常常这样说他："你就像那癞蛤蟆，我推你一下，你才走一步，从来不会主动向前走。"刚开始听到这句话，孩子很不理解，因为他没有看到过癞蛤蟆。

平时放学回家，总要爸爸妈妈催促三四遍："该写作业了""放学了就应该先把作业写完再玩，否则不许吃饭""宝贝，快来写作业，别玩了""乖，听话，赶快来把作业写了"……最后，孩子总要出去玩几次，才能把作业写完，有时甚至会拖到深夜。对此情况，父母很是头疼。

许多父母总是抱怨孩子太懒了，做什么事情都需要自己提醒，否则他（她）就坐在那里一动不动。其实，出现这样的情况，原因是多方面的：有的孩子没有养成主动做事的习惯，有的孩子很容易受周围环境的影响。孩子天性是比较敏感的，他们的注意力和兴趣容易很快转移，不能长久地保持，因而不能很好地去做一件事情，即便做起事情来也容易"有头无尾"，或者毛毛躁躁。他们在写作业的时候，总是一会儿去喝水，一会儿去卫生间，一会儿又在窗户边上张望。

除此之外，孩子之所以会懒，在很大程度上就是父母惯出来的。有时候，孩子的事情没有做好，父母发现了，为了省心省事，父母就大包大揽，让孩子失去了主动做事情的机会，继而使孩子产生一种依赖感，养成做事需要有人提醒的习惯。这时候，如果父母不能正确对待，再加上孩子的模仿能力很强，使一些不良行为在孩子身上得以滋生。所以，当父母发现孩子做事缺乏主动性，就应该进行正面教育，加以鼓励，并进行引导，这样就能帮助孩子克服做事毛躁的不良习惯，使孩子养成主动做事的习惯。

❤心理支招

1.言传身教

父母是孩子的第一任老师，因而，父母教育孩子的最好方式就是言传身教。父母除了鼓励孩子去主动做事情，还需要以实际行动来告诉孩子主动做事情是一种好习惯，也会从中获得许多有益的东西。例如，当孩子做完了一件事情，父母应给予赞赏，并把孩子的成果展示给他（她）自己看，让他（她）获得一种成就感。当父母做好了榜样，给孩子树立起了良好的形象，孩子就会受到积极的影响，继而学会主动去做事情。

2.培养孩子主动做事的习惯

在日常生活中，大多数孩子做事存在毛手毛脚、虎头蛇尾的习惯，这时候父母应该制止孩子这种不良行为习惯的蔓延，进行正面引导，同时也要给予孩子一定的鼓励。当孩子在做一件事情的时候，父母帮助指出明确地目的，对孩子做事的方法给予指导。从日常生活中的一件件小事做起，慢慢地培养孩子主动做事的习惯。

3.促进孩子主动做事的积极性

有时候，孩子做得不是很好，父母应避免轻易地说"做不好就别做了"，这样会打击孩子主动做事的积极性，在下一次他（她）就不会主动去做事了。父母应该鼓励孩子去做事，即便孩子做的事情不是那么令人满意，父母也应该先肯定孩子的成绩，这样可以有效地促进孩子主动做事的积极性。

4.适当地刺激孩子

孩子缺乏做事的主动性，父母的态度是很重要的。当孩子有了偷懒的念头，父母应该适当地用语言去刺激孩子，站在孩子的角度，用鼓励性的语言来向孩子提出一些要求。这样，孩子就会在父母的鼓励下主动去做一些事情，他（她）也会认为主动做事并没有想象中那么困难。

糖果效应——拒绝奢侈浪费需要自制力

父母的烦恼

乐乐好像从来不珍惜身边的东西，觉得一切都是应得的。例如，水果吃两口就会丢在一边去玩耍，鲜美的虾仁吃两口后就随意吐在地上，发脾气时还会故意把东西扔在地上。看到乐乐这样子，爸爸妈妈真担心她长大后会养成奢侈浪费的坏习惯。

玩具堆满乐乐的小公主房，但她好像一点也不爱惜，喜新厌旧不说，最喜欢做的事情就是把玩具砸坏。有的玩具硬要买回来，结果摆在家里的小柜子上瞧也不瞧一眼，还有的玩具被拆坏、摔来摔去。爸爸妈妈希望能够给孩子提供一个物质丰富的快乐童年，尽管有点心痛，不过只要买得起，还是忍不住给孩子不断购买新的高档玩具。

糖果效应是由心理学家萨勒提出的，他做了这样一个实验，对一群4岁的孩子说："桌上放着两块糖，假如你可以坚持20分钟，等我买完东西回来，这两块糖就给你。不过如果你不能等这么长时间，那就只能得一块，现在就可以得到一块！"这对于4岁的孩子而言，确实是一种艰难的选择。孩子们既想得到两块糖，又不想为此熬20分钟；如果想马上吃糖，那只能吃一块。实验结果为，三分之二的孩子宁愿等20分钟，不过他们难以控制自己的欲望，有的孩子则把眼睛闭起来，或双臂抱头；三分之一的孩子选择马上吃一块糖，几乎立刻就把糖塞进嘴里了。12年后，凡是当年实验中熬过20分钟的孩子，日后都表现出了较强的自制能力，自我肯定，充满信心。从这个实验我们可以看出，对孩子自制力的建设是非常重要的，对孩子喜欢奢侈浪费的控制，也要在平时完成。

随着社会的不断进步，人们的生活水平也日益提高，继而提高了消费意识。在这其中，孩子成为了社会消费的主力军，他们的消费水平在不断地上涨，没有限制的攀比浪费现象层出不穷。现在，大多数孩子是独生子女，被父母视为"掌上明珠"、"小皇帝"，父母的过分宠爱对孩子的身心发展会形成一种消极影响。尤其是助长了孩子浪费的不良习惯，使孩子勤俭节约的意识薄弱。许多孩子存在着不珍惜劳动成果、不爱护公物、铺张浪费等不良习惯，对此必须引起每一位父母的重视。

爱默生曾经说："节俭是你一生中食用不完的美丽宴席。"但在我们身边，有着太多这样的声音："这个玩具太旧了，扔掉"，"我要买汽车、遥控飞机，我要买很多很多玩具"，"我觉得衣服太少了，我要买很多很多新衣服"。孩子虽然还很小，但花钱如流水的习惯已经养成了。其实，作为父母，应该明白即使生活富裕了也不能丢掉勤俭节约的习惯。让孩子从小养成勤俭节约的习惯是很重要的，问题并不在于有没有钱给孩子花，而是要让孩子懂得金钱来之不易，应该用在刀刃上，而不应过度挥霍，这样只会培养出败家子。那么，如何培养孩子勤俭节约的习惯呢？

❤心理支招

1. 培养孩子勤俭节约的意识

父母可以通过讲一些相关故事，教育和引导孩子从小就要勤俭节约，不贪图享乐，不爱慕虚荣。在家里经济条件允许的情况下，吃好一点穿好一点是可以的，生活和学习的环境舒适一点也是可以的，但不能让孩子忘记勤俭节约。父母要教会孩子量入为出，给孩子讲勤俭持家的道理，使孩子懂得一粒米、一滴水都是辛勤劳动而来的。衣食住行也是父母劳动换来的，培养孩子勤俭节约的意识，这也是塑造良好品德的开端。

2. 父母要做好榜样

想让孩子养成勤俭节约的习惯，父母自身就要勤俭节约。如果父母花钱也是大手大脚的，那么孩子爱浪费就不足为怪了。喜欢模仿是孩子的特点，孩子的许多行为都是从模仿开始的。父母是孩子的第一任老师，父母的一言一行、一举一动都对孩子性格、品德的发展形成具有潜移默化的作用。父母在平时的生活中要勤俭节约，为孩子做好榜样，如随手关灯、不浪费自来水、爱惜粮食等，以自己良好的行为举止作为表率，去感染孩子，使孩子真正地养成勤俭节约的良好行为习惯。

3. 让孩子体验劳动

父母可以引导孩子进行一些力所能及的劳动，通过劳动来体会收获的来之不易。例如，在农忙的时候，父母可以带着孩子一起去拾稻穗，让他们理解什么是"谁知盘中餐，粒粒皆辛苦"，继而培养孩子热情劳动、勤俭节约的习惯。另外，父母可以让孩子搜集家里的旧物品，卖掉之后可以把钱存起来，然后捐助给那些贫穷的孩子。那些使用过的东西可以重复使用，如用易拉罐做一个花篮，这样既让孩子体验了劳动，也可以培养孩子勤俭节约的习惯。

4. 引导孩子合理利用金钱

父母一般会给孩子一些零花钱，但是给孩子零花钱要有计划，适当地限制数额，不要有求必应，应该依据孩子的年龄、实际用途和支配能力来给予。另外，引导孩子学会记账，设计一本"零花钱记录本"，将自己的零花钱的去处进行记录。父母还可以与孩子一起讨论，哪些钱是该花的，哪些钱是没有必要花的，让孩子们明白钱要花在刀刃上。

赠人"玫瑰"效应——让孩子学会关心他人

父母的烦恼

孩子今年7岁了,她有个很大的毛病,就是总以自我为中心,不会关心别人。奶奶生病时让她做点事情,她就会很不高兴,更别说平时了。有时候爸爸因工作劳累,对孩子说:"宝贝,我觉得好累!"这时孩子也会冷淡地说一句:"那是你自己的事情,关我什么事!"有时候看到孩子这样,父母感觉很伤心。

孩子在学校里也不会关心同学、老师,甚至在公共汽车上给老人让个座都不愿意。父母觉得,在家里每个人平时都会关心别人,在公司也会热心助人,可为什么我们的孩子却这样自私呢?难道是我们平时关心不够吗?我们教育方法不对吗?

心理学家认为,应该让孩子树立这样一个观念,即理解他人、想及他人、关心他人。告诉孩子,当你给予他人关心的时候,温暖了对方,同时也将温暖你自己。因为被人关心是一种美好的享受,而关心他人也是一种高尚美好的品德。人的本质就是爱的相互存在,我们的生活是与他人的相互交往而构成的。得到他人的关心是一种幸福,关心他人更是一种幸福,正如歌中所唱:"只要人人都献出一点爱,世界将变成美好的人间。"

父母是孩子接触最早、最多的亲人,父母在生活中不仅要对孩子进行关心品质的教育,还需要做好榜样,让孩子互相学习、互相促进。主动帮助别人是一个高素质人必备的重要品质。主动帮助别人,就是要求我们善于理解别人的处境、别人的情感和需要,并且随时准备去帮助别人,从行动上去关心别人,与他人建立和谐友好的人际关系。

培养孩子主动帮助别人的良好习惯,这对孩子未来具有高尚的品质及健全人格有着极其重大的影响。被誉为最聪明民族的犹太人，他们就非常崇尚帮助别人的美德，而那些犹太小孩也从小就被灌输主动帮助别人的思想。

❤心理支招

1. 让孩子成为家里的"小帮手"

父母有必要让孩子做家务。一位妈妈手受伤了，无法做家务活，而且爸爸外出了，这时候，孩子按着妈妈的吩咐自己做了稀饭，并且在饭后主动刷碗，受到了妈妈的称赞。其实，一些简单的家务活是难不倒孩子的，但父母不要强行要求孩子去做，而应循循善诱，激发孩子的积极性，让孩子主动帮忙，成为家里的"小帮手"，再给予孩子赞赏。这样孩子会认识到帮助别人，自己也体会到了快乐。

2. 营造温馨的家庭环境

如果孩子长期生活在一个温馨的家庭里，他（她）会喜欢乐于助人，更愿意为他人着想，也更容易同情别人。因而，父母要为孩子积极营造温馨的家庭环境，经常鼓励孩子主动帮助别人。在这样的状态下，孩子很容易主动去帮助别人，因为他（她）的心里充满了爱。

3. 父母以身作则

要想教会孩子主动去帮助别人，最关键的是父母要以身作则，为孩子做好榜样。在孩子面前，父母要尽可能表现得体贴大度，时常主动帮助别人，示范给孩子看，把这样的观念渗透在言行中。如果父母只是教育孩子帮助别人，自己却言行不一致，那么孩子就会模仿父母的行为，言教也就失去了效果。

4. 鼓励孩子去完成一些任务

父母可以多让孩子参加公益活动，如植树、除草，同时鼓励孩子主动帮助邻居取牛奶、拿报纸等，让孩子在帮助他人做事的过程中感受乐趣。父母还可以鼓励孩子去做一些有益的事情，如照顾小妹妹，或者帮助小弟弟制作玩具，这可以培养孩子主动帮助他人的品质。当然，有时候孩子并不是自发地去做这些事情，父母就需要去鼓励他们，甚至有时候需要温和地强制他们，不断地鼓励孩子去完成一些任务。

拒绝"融合效应"——让孩子勇于承担责任

父母的烦恼

暑假的时候，父母为孩子报了一个百科知识讲座，有时候父母忙，就建议孩子自己去。但是，孩子从来没有单独去过一次，每次父母问起来，孩子总是面不改色心不跳地说："老师不让我学。"

有一次，孩子和小表妹一起打扫卫生，孩子扫地速度快，小表妹速度较慢。孩子要打扫客厅的最前面，让站在前面的小表妹让开，小表妹让路的速度慢了一些，孩子就直接用扫帚将其推开，小表妹便找家人告状。父母询问的时候，这孩子丝毫不承认自己做错了，而将责任推到了"她自己速度太慢了"。父母紧接着问："难道你就没有做错吗？"看着孩子有些迷茫的眼神，父母觉得很失望：孩子怎么了？他的责任心都到哪里去了？

心理学家认为，责任心是健全人格的基础，是未来能力发展的催化剂，更是孩子成长所必需的一种营养，它能够帮助孩子成长和独立。懂得自己的责任，学会负责，孩子才有了前进的动力；只有认识到自己的责任，孩子才知道自己应该做什么以及怎么去做。

孩子似乎总不愿意融合到人群中，在他们眼里总希望自己是对的，别人是错的。假如自己做错了，他们还会把责任推卸到其他人身上，这就是拒绝"融合"效应。然而，不懂得负责、不懂得责任重要性的孩子永远也长不大。而那些凡事能够作出一番成就的人，都是懂得为自己的过失买单并且敢于承担责任的人。所以，父母应该努力把孩子培养成一个负责任的人。当孩子能够主动、自觉地尽职尽责，就可以获得满意的情感体验；相反，当孩子没有责任心、不能尽责的时候，就会产生负疚和不安的情绪。

❤心理支招

1. 让孩子学会对自己负责

一个人只有懂得尊重自己的感情，尊重自己的理想，珍惜自己的年华和生命的活力，才能从自己的理想出发来安排现实生活。责任心的培养是一个人成熟的标志。父母应该让孩子明白，无论孩子做什么事情，都是为他们自己，如果他们什么也没有做好，没有得到大家对自己的认可，那么，他们就是对自己不负责任，最终影响的还是他们自己。

例如，孩子的大部分责任是学习，假如学习不够认真，那就是对自己不负责任。此外，父母需要告诉孩子，对自己负责还包括对自己的事情负责，凡是能够自己做的事情都要自己去做，包括穿衣、洗脸等，只有孩子从小养成对自己的事情负责的良好习惯，才有可能慢慢学会对父母、朋友、老师等有关的人和事负责。

2. 引导孩子学会善待他人

关心他人，善待他人，这是培养孩子对家庭和社会的责任心的基础。在日常生活中，引导孩子关心老人、病人和比自己小的孩子；当爷爷奶奶生病的时候，引导孩子学会照顾他们；记得朋友的生日，并在生日那天给朋友送上一份生日礼物。

3. 让孩子学会反省

心理学家认为，孩子需要适时反省。当孩子在分析问题的时候，只会考虑到别人的过错，总是为自己找借口，这有可能导致他们缺乏责任心。遇到了困难不能解决，就把责任推到父母头上去；学习成绩不好，就把责任推到老师头上去。这些都是不良的行为习惯，父母需要告诉孩子：任何一件事情出现问题，我们首先应该反省的是自己，分析自己过失、对错，明白自己在这件事中应该负什么样的责任。

卢维斯定理——让孩子学会谦虚

父母的烦恼

贝贝从小就显得聪敏过人，特别是在音乐方面表现出了极高的天赋。于是他的爸爸妈妈就请来最好的老师教他，当然他也确实表现优异，学得特别快。老师对他充满了希望，付出很多心血教他。后来，在贝贝10岁时就举办了个人的音乐会。当时许多人都认为他长大后会成为伟大的音乐家，他的爸爸妈妈也深信不疑，处处炫耀自己孩子的天赋。而大家见到贝贝时都大大地夸赞，夸他是个天才、神童。

于是贝贝在别人的夸赞声中越来越骄傲，渐渐觉得自己就是毋庸置疑的神童，最后连老师和爸爸妈妈也不放在眼里。当老师指出他的不足之处的时候，他根本不把老师的话放在眼里，反而嘲笑老师；而当爸爸妈妈说他两句的时候，他就一整天不回家，四处玩耍。

卢维斯定理启示：谦虚是一种优秀的品质，一个人的生命是有限的，但知识却是无限的，再勤奋的人也不可能把所有的知识就学完，因为任何一个人都不可能拒绝学习。因此，在知识面前一定要谦虚，凡是取得成功的人，他们在一生中总是谦虚地学习，不断地提高自己。现在的孩子们处在一个优越的环境中，获得了一点成绩就很容易骄傲，然而，今天获得的成绩并不能代表明天的成绩，一个优秀的孩子应该是全面发展的孩子。孩子的身心都处于发展中，许多品质还没有得到固定，这很容易使孩子走进骄傲自负性格的误区。所以，作为父母，应该要帮助孩子克制自满的情绪，让孩子变得谦和。

骄傲会让孩子夸大自己的优点，不去正视自己身上的问题，甚至容易把别人看得一无是处。这样的孩子听不进别人善意的批评，总是处于盲目的优越感之中，从而放松了对自己的要求。渐渐地，他就变得不那么优秀了。对此，父母可以有意识地制造一些困难让孩子去克服，让孩子认识到做好并不容易，人生道路并不平坦，从而促使孩子虚心学习、不断进步。

孩子从小就要培养谦虚的品质，当他们在学习上获得优异成绩时，帮助他们克服自己骄傲自满的情绪，让孩子保持一颗平常心，不要沾沾自喜、自以为是。告诉孩子：如果有了一点成功便觉得自己很了不起，这是很不好的；优秀的孩子更需要虚心接受老师与父母的教诲，需要倾听朋友的意见，这样才有可能真正走向成功。

❤心理支招

1. 让孩子看到自己的缺点

如果孩子从小就处在父母的夸奖中，受到许多人的关注，成长在一个受表扬和鼓励的环境中，就会变得更加自信。但是，在夸奖声、赞美声中，孩子们只看到自己的优点，却看不到缺点，这对于孩子的成长是极为不利的。所以，父母需要引导孩子比较全面地了解自己，鼓励他们勇于接受批评，看到自己的缺点，虚心接受父母与老师的教育，这样孩子才能全面、健康地发展。

2. 帮助孩子克制自满的情绪

孩子还处于学习知识、积累经验的阶段，对于内心蔓延出来的自高自大情绪，他们并不懂得如何去克制。对此，父母应该保持警惕心理，鼓励孩子多读书。让孩子清楚地知道"谦虚使人进步，骄傲使人落后"，任何一个人都没有骄傲的资本，鼓励他们做一个谦虚的孩子。

3. 引导孩子找到自己的榜样

著名的成功人士都非常谦虚，父母可以通过书籍了解名人的故事，以名人的事例来激励孩子懂得谦虚。当孩子有了自己崇拜的成功人士，并且了解他们成功的经历，就会逐渐使自己养成谦虚的好品质。父母应该让孩子明白，只有谦虚的人才会不断地提高自己，才能在学习上取得更大的成就。

第12章

减压教育心理学：
别让孩子的心灵长期负重

通过调查发现，52%的孩子心理正常，占47%的孩子心理轻度紧张，1%的孩子心理紧张。假如父母总是不顾孩子的自身实际，只知道让孩子这个拿第一，那个要优秀，就会给孩子造成巨大的心理压力。对于缓解孩子的紧张心理，父母有着义不容辞的责任。

挫折心理——培养孩子战胜困难的能力

父母的烦恼

放学路上，小坤的心情很沉重，他克制着不让自己的眼泪落下来。原因是今天班里竞选班干部，小坤认真做了准备，觉得肯定能成功，但是结果自己落选，一下子感觉灰心丧气。

回到家，妈妈问道："今天怎么样呢？听说你去竞选班干部了，成功了吗？"这话说到了小坤的伤心处，他眼睛红了，匆忙走进自己的房间，一个人趴在桌子上哭。妈妈有些不解："这孩子，这是怎么了？"

现在的孩子多数被父母宠爱娇惯，依赖性极强。当孩子在进行一项活动的时候，经常会听到有的孩子还没有去尝试就喊："我不会。"他们在遇到困难时就显得灰心丧气，甚至选择逃避。时间长了，他们就成为了惧怕困难的孩子，被困难打倒在地。面对这样的情况，父母也很着急，但不知道该怎么办，有的父母则直接插手帮助孩子解决困难。

其实，当孩子遇到了困难，最需要的是战胜困难的能力，而不需要父母大包大揽地代替自己解决。因为在他们成长的过程中，随时都会遇到困难，总有一天孩子需要独自去面对困难、战胜困难。所以，父母应该有意识地培养孩子战胜困难的能力。

心理支招

1.引导孩子正确评价自我

每个孩子都有自己的长处和短处，父母应该给予客观正确的评价。如果父母只看到孩子的长处，孩子就可能在赞赏的目光中骄傲自满，对自身的不足缺乏认识，不能接受失败；如果父母对孩子期望过高，会增加孩子的压力，伤害孩子的自尊。这样不能正确评价自我的孩子缺乏一定的自信，就会选择逃避困难。因此，父母应该引导孩子正确评价自我，让孩子对自己实现目标中可能遇到的困难有所预测，这样，孩子就对战胜困难有了一定的心理准备。

2.放开孩子，让他去做自己能做的事情

有的父母对孩子过分溺爱，事事包办代替，这样会让孩子逐渐变得娇弱，以至于遇到困难就不知道怎么办了。所以，父母应该放弃大包大揽的做法，放开孩子，让孩子独立去完成自己能做的事情。例如，孩子在学习上遇到了困难，父母应该鼓励他们自己去思考、解决问题，让孩子在生活中渐渐学会独立面对一些问题，包括人生路上的挫折和困难。

3.给孩子树立榜样，培养孩子战胜困难的信心

心理学研究表明，父母的榜样对孩子行为的形成和改变有着显著的影响。如果父母给孩子树立了不畏困难、战胜困难的榜样，就有助于增强孩子面对困难和挫折的信心，让孩子明白世界上并没有唾手可得的成功，而是需要不断地战胜困难，才能获得最后的成功。在平时的生活中，父母可以给孩子讲述一些名人战胜困难的故事，让孩子以这些名人为榜样，不畏困难。当然，孩子最好的、最直接的榜样就是父母，"身教胜于言教"，父母对待困难的态度和行为会潜移默化地影响孩子的态度和行为。

4.适当地批评、忽视，培养孩子战胜困难的能力

父母在与孩子一起玩游戏的过程中，总是喜欢让着孩子，让孩子取得胜利，结果让孩子养成争强好胜、自以为是的心态，一旦遭遇了困难，就会沮丧或者丧失信心。所以，父母需要对孩子进行适当的批评和忽视，指出孩子身上存在的缺点和不足之处，偶尔也让孩子尝尝失败的滋味，让孩子学会自我调节。

5.鼓励孩子战胜困难，培养孩子战胜困难的勇气

有的孩子在遭遇困难的时候就产生消极情绪，往往会垂头丧气，选择逃避的方式。其实，要想让孩子能够独立战胜困难，就要培养孩子面对

困难的勇气。当孩子面对困难的时候，引导孩子采取正确的态度，勇敢面对，向困难发起挑战。例如，当孩子害怕去做一件事情的时候，父母应该鼓励孩子："别怕，你一定能行的！"不断地给孩子打气，培养孩子战胜困难的勇气。

恐惧成绩排名——帮助孩子缓解心理压力

父母的烦恼

在某中学门口，几位家长向老师诉起了烦恼。一位父亲说："孩子才上初一，已经长出了两根白头发，这可怎么办？看到孩子早生华发，自己觉得很伤心，很无奈。"这话一说，引起了在场家长的共鸣，一位母亲说："别看孩子才上初中，承受的压力并不小，学校每次考试都排名，孩子既痛恨又无可奈何。每次考试回来，总是一副愁眉苦脸的样子，我知道，孩子很担心自己名次下降了。作为父母，看见孩子这样，真是很痛心啊。"

一位家长深有同感，他讲述了自己孩子的情况："我儿子今年15岁，下半年考入本地一所重点高中，入学几个星期之后，学校进行了一次考试，儿子从入学时的班级前20名一下子滑落到30多名，顿时，一股无形的压力随之而来，对他来说，这样的压力是前所未有的。就在眼下，学生的座位也是根据学生成绩来安排的，成绩好的就坐在前几排。"

对于父母的讲述，许多老师表示很无奈，某中学老师说："我觉得公布考试排名，对孩子来说是不利的，本来学习压力就很大，加上排名就更压得孩子喘不过气来，做了这么多年的老师，我也深感无奈。"一位从事教育工作20多年的老师认为，由于教育部门不允许中小学考试排名，目前大张旗鼓排名的情况很少，只是某些学校私下进行排名。当然，成绩排名自然给孩子带来一种无形的压力，对此，父母该做些什么呢？

一位深感排名压力的孩子说道："在读小学的时候，老师是不允许给学生打分数的，更不能公开成绩，老师一般用'优''良'等替代分数。谁知道一进了初中，各种排名接踵而来。为了刺激我们的上进心，每逢考试，老师必定当着全班同学公布成绩和排名，这让我们这些排在后面的学生心里很受伤。"据教育专家调查发现，75%的学生对公布分数和排名次感到紧张、害怕，不少学生听完分数后会在课堂上哭起来，还有一些即使在课上不表达，回家也会偷偷抹眼泪。

长期以来，人们习惯用"成绩排名"作为激发孩子努力学习的重要手段。孩子的成绩在班里排在什么位置，在年级里排在什么位置，属于差生还是优等生，老师和父母都很清楚。虽然，成绩排名在某种程度上来说是一种挫折教育，但是，这也会给孩子心理造成巨大的压力。作为父母，应该及时与孩子沟通，帮助孩子缓解压力，正确看待自己的成绩，真正达到激励孩子进步的目的。

许多父母认为"在升学压力面前，想要取消考试排名，其实也不现实"，对此，可以多方面因素综合起来，将刺激孩子成绩变为鼓励孩子学习。成绩可以排名，但是应以比较隐秘的方式告诉孩子，这样既提高了成绩，又刺激了孩子的心理。不过，在"排名压力"面前，父母还需要一些教育措施，帮助孩子抵抗压力。

❤心理支招

1. 积极引导孩子正确对待"挫折教育"

排名是一种挫折教育，在成绩隐性排名的过程中，让孩子体验到挫折，从而不断成长。初中升高中，高中升大学，有哪一次考试能离开了考试和排名呢？父母可以告诉孩子，"如果不进行比较，怎么知道你有没有进步呢？"这样一来，孩子如果哪次考试名次降低了，就会奋起直追。

2. 以"排名"激励孩子

当意识到孩子正在为成绩排名压力而烦恼的时候，某位父亲是这样做的，他与儿子进行了一次谈话，先给孩子讲述了自己在中学阶段和参加工作后如何承受压力的故事，然后回顾了儿子在小学和初中的"辉煌史"，增强孩子的自信心。

最后，他对孩子说："儿子，物竞天择，适者生存啊！你将来走入社会不可避免地会遇到竞争，要想有一番作为，就得不断提高自己的实力，战胜对手，有竞争才会有压力，只有先扛住了压力才能赢得最后的胜利。"

3. 不要太关注孩子的成绩排名

面对成绩排名，孩子既然感觉到了压力，那么就表示他（她）有上进心。作为父母，在这时就不要再给孩子施加压力了。父母往往忽视了，自己的关注对于孩子来说也是一种压力。孩子考试回来，父母不要上来就问"今天考得怎么样？"而应问"累不累？赶快去休息一下吧。"

成长中的"逆境"——孩子也有烦恼

父母的烦恼

女儿刚上小学，她是一个脾气十分暴躁的小女孩，从小记忆力就比较差，注意力不集中，老师总说她上课不专注。平时在家里，她连自己放的东西在哪里都不记得。

我发现她给自己的压力很大，毛笔字写不好，她就把纸张撕掉重写；写作业写不好，就一个劲地擦来擦去。别的父母都在为孩子不努力而担心，但我这个孩子自尊心太强了，我也着急，总想劝她，又怕她以后不努力。现在我和孩子的爸爸在其他城市工作，孩子由她外婆带，我非常担心孩子以后的发展。

孩子的成长是一个前进而又曲折的过程，从孕育到出生到长大成人的过程，是生命体膨胀衍生变化的过程。在不同的阶段，孩子会出现生理和心理的压抑和释放特征。在外界环境压力较大或不适应身心需要的情况下，容易出现成长过程中的"逆境"。对此，父母应该重视孩子成长中的烦恼，给予充分的理解和释放，是保证孩子健康成长的重要环节。

挫折是当孩子遇到无法克服的困难，不能达到目的时所产生的情绪状态。人的一生可以说是与挫折相伴的。困难和挫折，对于成长中的孩子而言，是一所最好的学校。而如果父母给孩子过分的溺爱和保护，让孩子缺少参与、实践的机会，缺乏苦难的磨炼和人生的砥砺，孩子的心理承受能力就可能较差，遇到一点点挫折就灰心丧气、自暴自弃，从而失去信心。

孩子成长很快，转眼就会长高、长大了。假如父母不了解孩子，教育方式不对，那么父母与孩子都会感到痛苦，势必浪费许多精力与时间。心理学家认为，孩子在成长过程中，需要父母陪伴，需要指导，需要呵护。对孩子，父母首先要了解他（她），才能帮助他（她）。

对于孩子们来说，他们的逆境则是在学习和生活中受挫，那他们受挫的原因大致有哪些呢？心理学家认为有这样几点：

❤心理支招

1. 心理承受能力较差

许多父母为了帮助孩子创造一个良好的学习氛围，不让孩子吃一点苦、受一点委屈，认为孩子的任务就是学习，那其他所有事情都由父母包办。父母将孩子在家庭范围内承受挫折磨炼的机会降低到了最低。尽管这样的父母是用心良苦，不过结果往往相反。因为对孩子的过度关心、过度保护、过度限制，让孩子缺少磨炼，最后让其形成一种无主见、缺乏独立意识、依赖父母的心理。这样的孩子一旦遇到了逆境，就会束手无策、心灰意冷，心理承受能力很差。

2. 情感上的困扰

孩子情绪情感的深刻性和稳定性尽管在发展，不过依然有外露性，比较冲动，容易狂喜、暴怒，也很容易悲伤和恐惧。对孩子来说，情绪来得快，去得也快，顺利时得意忘形，遇到挫折就垂头丧气。因为理智和意志比较薄弱，不过欲望较多，假如家里不能满足其要求，孩子就会产生一些不良的情绪，他们会忍不住发脾气。

3. 学习上的烦恼

父母们望子成龙心切，会对孩子提出很多不符合他们身心发展规律的过高期望，再加上频繁的考试、测验、作业、学业竞争，从而增加了孩子们的心理压力，让孩子们不敢面对失败。沉重的学习负担和思想压力，让孩子精神非常紧张，长时间处于焦虑不安之中。

4. 人际关系方面的困扰

随着孩子的心理发展和自我意识的增强，强烈渴望了解自己与他人的内心世界，所以产生了相互交换情感体验、倾诉内心秘密的要求，他们希望得到别人的理解、尊重、信任。不过有的孩子因为个性特点造成在人际交往上的障碍，自以为是，不能清楚地了解自己的不足，结果让他们在人群中很不受欢迎，这样的孩子容易感到孤独。

失败定律——引导孩子从失败中吸取教训

父母的烦恼

新学期一开学，孩子的班级开始班干部改选，儿子回到家就告诉我，让我看看班级发布的消息。我看了看，班里大概有二十多个职位，从班长、副班长到各种委员、各科课代表一应俱全，甚至还有午休值班员和黑板美容师。我问孩子："你想应聘什么职位？"孩子不假思索地说："英语课代表和体育课代表。"接下来的几天里，孩子就开始忙碌了，拟出了竞选稿给我看，我也认真地给出了自己的意见，甚至竞选前一天我们还进行了演习，对他某些语句和举止进行纠正调整。尽管竞选演讲稿中提到万一失败了也不会伤心之类的话，不过在兴奋和期待中我也没有想万一失败了会怎么样，毕竟这是孩子第一次参加班干部竞选。

那天下午，我因为忙工作都忘记了孩子竞选的事情。后来接到孩子的电话："妈妈，我竞选失败了。"语气很失落，一时之间，我竟想不出什么话去安慰孩子。

对于孩子而言，在生活中大大小小的逆境，都是磨炼孩子毅力和意志的运动场。对待失败的不同态度，可能会对孩子个性的形成产生截然不同的结果。人总是这样，只有跨过了许多的沟沟坎坎，才能越上一级级的人生台阶，也才能体验"一览众山小"的感觉。父母需要引导孩子从失败中吸取教训。

假如孩子在上台演出时出错或数学测验全班倒数第一，孩子会说"以后再也不上台表演了，免得当着那么多小朋友出丑""真希望永远不再做算术题了""我只不过事先没有排练或偶尔粗心罢了，下次我好好做准备，超过别的小朋友绝对没问题"。孩子的这些面对挫折的心态，并不是与生俱来的，而是经历了逆境慢慢形成的。犹太人认为，假如父母能成功地引导孩子认同第三种态度，让孩子保持"我一定能把困难战胜"的热情和信心，那就是给孩子一笔巨大的人生财富。

父母总是容易犯这样的错误，在一些比赛中，孩子失败了在哭，父母在一边心疼，于是向前安慰："我们认为你是最棒的。"父母认为孩子会停止哭泣，不过相反孩子哭得更厉害了。孩子因为失败而难过的哭泣变成了认为裁判不公平的哭泣，最严重的是孩子想法的转变，孩子会想："我是最棒的，老师是不公平的，我再也不要参加了。"这样一来，孩子会更加认为自己没有输，开始抱怨不公平，最后将自己的失败归在他人身上。父母应该引导孩子正面对待失败，并从失败中吸取教训；这次输了，是什么原因导致的？是因为太紧张吗？是准备不够吗？这样才有助于孩子养成正确面对失败的良好心态。

孩子在逆境中失败了，父母需要注意以下几点：

心理支招

1. 切忌全权包办

许多父母希望给孩子铺一条平坦的路,这是很不现实的,这影响了孩子的交往能力,同时不利于孩子良好意志品质的形成,还会造成孩子长大后难以适应社会生活,容易产生自卑、抑郁等不良心理。孩子一旦在交往中遭遇挫折,父母不要觉得孩子是受了很大的委屈,忙着解决困难,而应该给孩子一个锻炼的机会,让孩子在经受挫折、克服困难的过程中不断提高交往能力。

2. 避免嘲笑孩子

孩子缺乏社交经验,在交往中容易遭遇挫折,这是难以避免的。父母不应该嘲笑孩子,或者责怪孩子的错误,应该注意培养孩子胜不骄、败不馁的品质,在克服困难方面给孩子树立良好的榜样。

3. 挫折教育不宜过度

父母给予孩子的挫折教育要注意适度和适量,为孩子设置的情境需要有一定的难度,能引起孩子的挫折感,不过又不能太难,应是孩子通过努力可以克服的。同时,让孩子面临的难题不应该太多,适度和适量的挫折可以让孩子调整心态,正确地选择外部行为,克服困难。过度的挫折教育会挫伤孩子的自信心和积极性,让孩子丧失兴趣和信心。

情绪蔓延——父母需要自我减压

父母的烦恼

距离孩子升学考试越来越近了,孩子在老师的指导下按部就班地备考,闲在一边的妈妈却显得很焦虑。她想给孩子帮忙,想了解孩子的情况，又怕方法不对适得其反。这几天孩子正在进行模拟考试，孩子的成绩成为了妈妈在公司与同事的主要话题，她的喜怒哀乐几乎与孩子一次次的考试成绩相关，成绩似乎成了妈妈的晴雨表。这两天，妈妈发觉自己都瘦了一圈，睡眠质量也下降了，工作质量也有所下降。除了考试，妈妈对其他的事情不再关注，晚上回到家也不打开电视，理由是为孩子营造安静的环境。

距离孩子升学考试还有一个多月了，妈妈出现了失眠、食欲不振、焦虑等症状，好像没办法控制自己的情绪了。

随着考试的临近，医院心理咨询室成为考前心理减压的热门科室。但是，每次大型考试来临，在减压人群中，父母自己压力过大居然占了大多数，那些做心理减压的父母几乎是孩子的两倍多。为什么会出现这样的情况？著名心理咨询师解释说，随着考试临近，一人考试、全家备考的现象比较普遍，过度担心孩子的考试成绩很容易导致父母产生心理障碍。心理咨询师认为，有的父母在考试前担心孩子考不好，整天愁眉苦脸，很少说话，而且这种情绪会或多或少地感染给孩子，形成"交叉感染"。所以，心理专家提醒每一位父母，一定要保持愉快的情绪、平和的心态，学会自我减压，为孩子营造温馨的气氛，让孩子轻松备考。

随着考试的接踵而来，许多父母的情绪都随着孩子的考试成绩的好坏来回起伏，忽上忽下、亦喜亦忧。由此可见，父母为了孩子的前途而焦虑，甚至比孩子的焦虑程度还要高，他们表现为多方面：可能在短时期内体重下降；对孩子的身体状况过分担忧；经常会下意识地提醒孩子不要有压力；经常失眠，睡眠质量下降；工作也大受影响；除了考试，他们不会关心其他事情；经常在家里发脾气。其实，这些表现都会影响到正常的家庭生活，而且还会把这种紧张情绪感染给孩子。所以，提醒各位父母在给孩子减压的同时，也要学会自我减压，切忌刻意营造紧张氛围。

❤心理支招

1. 不要刻意营造紧张氛围

孩子即将面临重大考试，不少父母的神经就开始紧绷了，刻意减少了自己的娱乐时间，希望能给孩子营造一个安静的学习环境。这样一次考试下来，父母比孩子还要紧张。为了给孩子减压，许多父母克制自己不去问孩子的学习和考试情况，甚至不敢在孩子面前多提"考试"，家里的饮食、作息时间都以孩子为中心。其实，父母愈是这样刻意地打乱日常生活，所传递给孩子的情绪就越糟糕，而且自己也感到手忙脚乱。建议父母不要打破日常生活习惯，既不要打破日常生活规律，也不要以孩子为中心，适当减少对孩子的关注。当父母保持一种正常的生活，该干嘛就干嘛，自然也就没有那么紧张了。

2. 保持一颗平常心

考试的分量越来越重，父母又缺乏应考经验，出现紧张焦虑的情况是正常的。虽然，小学升初中是第一次转折性考试，而对于漫长人生而言，这次不过是一次普通考试。父母需要调整好心态，从实际出发，抱着合理的期望值，不要让完美主义压垮自己，把更多的精力放在了解孩子的学习情况，以及关注孩子在其他方面的发展。

3. 主动与孩子沟通

有的孩子性格比较内向，一个人紧张得在那里哭，却不愿意告诉父母，而父母不知道发生了什么事情，又害怕不当的询问会增加孩子的心理压力。在这一过程中，父母也增加了自己的心理压力。这时候，父母要主动与孩子沟通，善于倾听孩子的心声，做孩子的忠实听众。如果孩子遇到了问题，父母要与他一起分析，帮助孩子正确认识自己，化解问题，树立信心。与孩子沟通的时候，父母不要高高在上，要做孩子的知心朋友，这样增加与孩子的正常沟通和交流，减少了自己的盲目猜测和怀疑。

4. 不要过度关注孩子的成绩，学会自我减压

父母需要为自己减压，只有自己轻松了才能让孩子感到没有压力。其实，父母在为自己减压的同时，也是为孩子减压。不要过度关注孩子的成绩，虽然我们不能改变分数的高低，但我们可以改变自己的态度。父母应该调整好自己的心态，不要过度地关注孩子的学习或考试成绩，在适当的时候提醒就可以了。

望子成龙心理——降低期望值就是为孩子减压

父母的烦恼

12岁的小文是家里的独生女，爸爸妈妈都对她寄予了很高的期望，要求女儿在各个方面都能表现出色。为了让小文有一技之长，爸爸妈妈一口气给她报了钢琴、小提琴、绘画等多个学习班。小文因此变得很忙，本来可以放松一下的周末竟然比平时学习还累。

虽然如此，一段时间之后，小文的学习成绩有所提高，在学校以外的活动中也有出色的表现。在爸爸妈妈眼里，小文越来越优秀了，他们更加坚定地给小文灌输着"事事争第一"的思想，不过小文慢慢表现出了一种病态的敏感。即便爸妈、老师的一个眼神，她都猜想是不是自己哪方面没有做好，身边的同学受到老师的表扬也会让她感觉到不小的压力。小文陷入了紧张和郁闷之中，偶尔表现出有些"神经质"。

现代社会竞争压力越来越大，而父母对孩子的期望值越来越高，父母迫切地希望孩子成才，导致孩子的学习负担越来越重，而孩子的逆反心理也越来越强。心理学家建议，成功需要一步步的努力，过高的期望值很容易让孩子迷失方向、看不到出路。

"望子成龙、望女成凤"由来已久，父母对孩子的期望值过高，是普遍存在的现象。通常孩子到了三四岁，父母就开始琢磨应该让孩子学点什么，假如是孩子本身愿意去学，那也就无可非议，但我们看到更多的是父母威逼利诱让孩子去学这个学那个，结果弄得自己苦不堪言，而孩子也失去了一个快乐的童年。

很多父母对子女抱太大的希望，经常不自觉地给孩子施加压力，强迫孩子在小小年纪就去学这学那。结果，许多孩子对学习产生了厌恶情绪，有的还严重影响到身心健康。"望子成龙"是许多父母的美好愿望，这是无可厚非的，不过父母必须明白不是每个人都成得了"龙"，不要过分苛求自己的孩子，也不要让孩子过早背上沉重的思想包袱。

父母的期望值过高对孩子而言并非是一件好事情，有时候甚至会出现可怕的后果。有的孩子本来有自己的优势所在，不过假如父母的期望值过高而偏离了孩子本来的情况，就会让孩子不自信、没动力，甚至出现厌烦、叛逆等心理，这不仅不利于孩子的进步，反而容易让孩子的心理出现问题。

❤心理支招

1. 什么是成功的教育

父母怎样才算对孩子尽到了责任？怎样才算教育孩子成功？或许父母都喜欢用"出人头地""成名成家"来衡量。实际上，教育的最高理想不是培养多少不可一世的大人物，而是培养出多少和谐幸福的人。对父母而言，教育孩子不一定是要把他培养成教授或博士才算成功，关键是要让孩子成为一个幸福的人。

2. 尊重孩子的兴趣爱好

父母应该设身处地考虑孩子的实际情况，照顾孩子的兴趣爱好和实际能力，尊重孩子的意愿，而不是盲目地要求孩子按照父母预先设计的轨道成长，千万不要对孩子提出过高的要求，需要注意给孩子减轻过重的精神压力。不要将孩子人生的最大砝码仅仅押在学习成绩的拔尖上，毕竟，培养孩子有一个健康的心理、美好的品格和良好的动手能力，远比考试成绩更重要。

3. 降低期望值

父母要想让孩子快乐地成人成材，父母首先要有平和的心态，降低期望值，给孩子减压，根据实际情况和孩子一起制定合适的奋斗目标。父母平时要注意不只看孩子的考试分数，更要帮助孩子发现长处和分析不足，做到扬长避短。对已经出现的问题，要给孩子指出以后努力的方向，以孩子乐于接受的方式教育，促使孩子养成良好的习惯。

第13章

智商开发心理学：
超凡的智商需要有意识地开发

随着孩子的长大，孩子之间的差距也越来越大，有的孩子活泼机灵、热情好动，善于学习和模仿；有的害羞胆怯，缺乏探索精神，接受和掌握新事物比较慢。这是什么原因导致的呢？区别在于孩子的智商开发，聪明的父母会有意识地开发孩子的智商，希望孩子变得聪明伶俐、智力超群。

关注孩子的新发现——培养孩子的好奇心

父母的烦恼

早上，爷爷和爸爸戴着眼镜看报纸，刚刚起床的小泉坐在沙发上观察他们。一会儿，妈妈端来了早餐，爷爷和爸爸都放下了眼镜和报纸，爷爷拉着小泉一起吃早餐。

小泉看着放在桌上的两副眼镜，心里痒痒的，想知道它们有什么不同。小泉匆匆吃了两口，就溜下了桌子，拿着两副眼镜在沙发上摆弄了起来。他拿着眼镜放在眼前看来看去，他先戴上爷爷那副眼镜，感觉眼睛发胀，看着地上都是凹凸不平的，他赶忙摘了下来。他又戴上了爸爸的眼镜，感觉眼睛有点疼，看旁边的东西好像没有变化一样，不过看远处会比较清楚些。

后来，他尝试把两副眼镜叠在一起观察，当他一手拿着爷爷的老花眼镜，一手拿着爸爸的近视眼镜，这样一前一后放在眼睛前面观察时，他发现远处大楼上面的一只鸽子出现在自己的眼前。这一发现让小泉很吃惊，他在客厅大叫起来："爸爸，你快来看，我看到了那大楼上的鸽子！"正在忙着打电话的爸爸没好气地说："小声点，别乱动我们的眼镜，当心弄坏了我可要收拾你。"妈妈也投过了责备的眼神，小泉默默放下眼镜，走开了。

小泉显露出来的是好奇心，只可惜并没有受到父母的关注，使得其大脑潜能未能达到如期的开发。在日常生活中，父母需要有意识地保护孩子的好奇心，让孩子不断地追寻新奇的知识，不断在玩中学到知识。父母要想孩子的大脑潜能得到充分的开发，最重要的一点就是让孩子保持强烈的好奇心。

同龄的孩子，他们所掌握的知识面也大有不同，有的孩子对一些简单的事物都难以理解，有的孩子却了解到了一些很复杂的知识，究其原因就在于孩子的好奇心。每个孩子都是有好奇心的，但有的孩子也许也好奇了，但他还没有搞懂问题之前就把这个问题忘记了，也可以说这样的孩子好奇心不够，这样就使得孩子失掉了开阔知识面的好机会。所以，要想孩子拥有广博的知识，要想激发孩子大脑的潜能，父母首先就应该让孩子保持强烈的好奇心。

当孩子遇到不懂的问题，或看到不理解的现象时，孩子心里就会出现像小泉那样"心痒痒"的感觉，这就说明了他具备强烈的好奇心。一个孩子的好奇心达到了强烈的程度，他会在问题没有得到解答之前吃不下饭、睡不着觉，一直到弄清问题为止。因此，对于父母来说，培养孩子的好奇心，让孩子永远保持一颗好奇心，就要有意识地引导孩子对新事物产生浓厚的兴趣，并且在这一过程中切忌打击孩子的积极性。

❤心理支招

1. 耐心聆听孩子的问题

虽然孩子已经进入了小学中期的学习，他们已经掌握了一定的知识，但他们仍然会产生许多问题，"爸爸，为什么太阳落下去天就黑了？""为什么飞机能飞翔？"几乎每位父母都会遇到孩子们这样的问题。这些在父母看来很平常的事物，在孩子看来却充满了神秘，他们非常好奇，渴望得到答案。好奇心是孩子可贵的素质，父母应该予以很好的保护，尤其要耐心地倾听孩子的问题。

有的父母在面对孩子这样幼稚的问题时会表现得很不耐烦，或者随便敷衍一下。其实，这时候孩子的自由意识已经开始萌芽了，他们也有自尊心，能感受到父母这种不耐烦的态度，这会使孩子的自尊心受到伤害，下次再遇到不明白的他就不会向父母发问了。在这样的情况下，孩子的好奇心就被父母那种不耐烦的态度给无情扼杀了。所以，无论孩子问的问题有多幼稚，父母都要耐心倾听，以认真的态度来对待孩子的提问。

2. 有意识地引导孩子的好奇心

父母在保护孩子好奇心时的方法不同，也会导致不同的结果，有的父母直接告诉孩子正确答案，以为这样就满足了孩子的好奇心理，其实，这样直接获得的答案让孩子们很快就忘记了，而且他们逐渐在这种过程中失去了好奇心带来的乐趣。若父母不直接告诉答案，而是积极引导孩子，让孩子主动通过探索来获得知识，在鼓励孩子建立自信的同时给予适当的帮助，这样不但激发了孩子的好奇心，还会引导孩子积极地思考。

3. 与孩子共同体验快乐的"探索"

有的父母总是抱怨，孩子特别能"搞破坏"，常常把家里的东西拆了。其实，这就是孩子因为好奇心对事物进行探索的过程，父母应该正确地引导孩子，让孩子明白他的"好奇心"所带来的影响，可以鼓励孩子将破坏的东西拼装起来，还可以和孩子研究事物的结构，引导孩子积极思考，这样既满足了孩子的好奇心，又让他在快乐探索中得到了学习的乐趣。

好奇心是孩子们学习和成长的前提条件，父母应该以孩子的视角去看待他们的行为，保护孩子的好奇心，给孩子一定的空间去探索，给予孩子鼓励与支持，让孩子感受好奇心带来的乐趣与知识。

找准问题的解决方法——培养孩子独立思考的能力

父母的烦恼

每次考试下来，孩子都向妈妈倾诉后悔："这个题本来我选的是B，交卷子的时候听见同学说选A，我就改成A了，结果改错了，原来我的答案才是正确的，哎，这两分实在是冤啊！有好几次考试都是这样。"妈妈刚开始只是笑了笑，告诉孩子："只要是自己做出的答案，除非真检查出了错误才改，否则一律不改。"孩子点点头，可下次还是有这样的情况出现，这让妈妈意识到，孩子的独立思考能力有点差。

独立思考是积极主动地思考，而且具备新颖性、创新性的特点，这应该是每一个孩子必备的能力。那些不能独立思考的孩子，就没有独立性。有的父母不想让孩子吃苦，任何事情都包办，不鼓励孩子去独立思考，导致了孩子离不开父母。其实，这样的父母应该好好反思，这样长此以往，孩子就会形成性格脆弱的特点。作为父母，要培养孩子独立思考的习惯，让孩子在独立思考中获取答案，并且培养起明辨是非的能力。

孩子有一定独立思考的能力是思维发展的重要特征，一些孩子经常会说"爸爸，我不知道怎么说""妈妈，你说我该怎么办""爸爸，你去替我做嘛"。孩子遇到困难的时候，本能的想法就是依靠父母的帮助，帮助他们思考，帮助他们做判断。这时候，父母可以用日常生活中的具体问题，给孩子提供一个独立思考的机会，让孩子自己面对问题，并想出解决问题的方法。

思考就像播种一样，播种越勤，收获也就越丰。一个善于独立思考的孩子一定能品尝到成功的果实，享受到丰收的喜悦。爱因斯坦说："学会独立思考和独立判断比获得知识更重要。"他还说："不下决心培养思考习惯的人，便失去了生活的最大乐趣。"父母要有意识地培养孩子独立思考的习惯，慢慢引导孩子主动发现问题、思考问题，进而在思考中解决问题。如果父母为孩子把所有都安排得十分妥帖周到，从来不鼓励孩子独立思考，这样就会渐渐地扼杀孩子的思考能力。所以，父母可以参考下面一些方法培养孩子独立思考的能力。

❤心理支招

1. 创造独立思考的环境

父母不能因为孩子太小、还需要自己的照顾就把孩子当成了自己的"附属品"，在各方面都支配孩子的言行。其实，孩子也有自己的思考模式，他们也有自己的世界、自己的空间。若孩子有什么特别奇怪的想法，父母也要允许孩子这些想法的存在，并积极加以引导，给孩子一个独立思考的机会。父母可以与孩子一起逛动物园、科技馆，和孩子一起阅读故事书或者看电视，然后让孩子思考"你看到了什么"、"你听到了什么"，引导孩子思考事物本身之外的问题，并从思考中获得答案。

例如，有的父母就会通过朗读简单的故事来引导孩子思考问题，先让孩子读一篇故事，然后和孩子一起讨论，由此引发孩子联想出一连串问题。很快，这个孩子就表现出了远胜于同龄孩子的思考能力。这样为孩子创造出思考的氛围，帮助孩子提高独立思考的能力，就会使孩子在以后的学习中受益匪浅。

2. 让孩子学会独立思考

父母在与孩子的相处过程中，要以商量的语气讨论，多留给孩子自己思考的空间，为孩子提供一个提出自己想法的机会，父母可以依据谈话的内容向孩子发问："你觉得这是怎样的""如果是你，你会怎样去做""对这件事，你是怎么想的"。这样提出一些问题，引起孩子的思考，使孩子逐步展开思考。当孩子长时间处于思考中，父母也不要着急，应该给孩子足够多的思考时间，也不要直接把答案告诉他们。即便孩子答错了，父母也不要加以责备，应该帮助他们思考，引导他们去发现和纠正自己的错误。

3. 鼓励孩子大胆发问

有人曾经问大哲学家穆尔，谁是他最得意的学生，穆尔毫不犹豫地回答："是维特根斯坦。""为什么？""因为在我所有的学生中，只有他一个人在听我讲课的时候，老是露出迷茫的神色，老是有一大堆的问题。"后来，维特根斯坦的名气超过了罗素，当有人问穆尔为什么罗素会落伍时，穆尔坦率地说："因为他已经没有问题了。"由此可见，孩子的大胆提问有多重要，这样表明孩子是在积极思考的，鼓励提问是智力教育的一种重要方法。父母应该鼓励孩子大胆提问，他们问得越多，知道得越多，就越能刺激孩子的独立思考能力。

4.给孩子独自思考的机会

孔子说过:"学而不思则罔。"这是学习与思考的关系,也说明了思考对于学习的重要性。好奇心是孩子的天性,他们会不断地发问"为什么",父母需要正确引导,不要压抑孩子的好奇心,这样他的求知欲就越来越旺盛,进而提高了独立思考的能力。

有的父母抱怨自己的孩子不喜欢动脑筋,不喜欢思考,这时候父母应该问自己,在孩子的成长过程中,你有没有给孩子独立思考的机会,当孩子因为好奇心提出问题的时候,父母不要急于把正确答案告诉孩子,而是引导孩子积极思考探索,在思考中自己找出答案,有意识地培养孩子独立思考的能力。

让思维长出翅膀——培养孩子的想象力

父母的烦恼

在乐乐小时候,妈妈给她讲过灰姑娘的童话故事,可是因为乐乐太喜欢这样的童话故事。这不,她又把那本书翻了出来,自己一个人看了起来。妈妈看着乐乐在看书,忍不住也凑了上去,两人拿着书看了起来。"最后王子和灰姑娘幸福地生活在了一起",乐乐大声念出了最后的结局,妈妈突然想到了问题:"乐乐,这个故事看了好几遍了,妈妈问你几个问题吧。""问吧,妈妈,我一定能回答上来。"乐乐信心满满地拍着自己的胸脯,妈妈发问了:"如果在午夜12点,灰姑娘没有及时跳上南瓜马车,会有什么情况发生呢?"乐乐有些语塞:"这……这……"妈妈看见孩子吞吞吐吐,看来孩子确实缺乏想象力。

伟大的科学家爱因斯坦曾说过:"想象力比知识更重要,因为知识是有限的，而想象力概括着世界上的一切，推动着进步，并且是知识进化的源泉。"有的父母在给孩子讲完故事后向孩子提问，实际上这就是有意识地锻炼孩子的想象力，让孩子展开想象的翅膀。想象是智慧的翅膀，是创造的灵光，因而，想象力在孩子的智力活动中占据着极其重要的位置。

19世纪，荷兰著名化学家范特霍夫曾就"想象"这种才能对许多科学家做了调查研究，发现他们中间最杰出的人都具有高度的想象力。而对于孩子来说，想象力的培养以及创造力的开发，是孩子成长过程中不可缺少的一个步骤，也是父母不容忽视的家庭教育。想象是科学发现和创造的萌芽，也是孩子走上成才之路的开始。正在成长中的孩子们，喜欢思考，有着强烈的求知欲，他们对于新鲜特别的东西总是有着浓厚的兴趣。父母需要有意识地培养孩子的想象力，点燃他们心中想象的火炬，让孩子们展开想象的翅膀，在未来的成长天地中自由翱翔。

❤心理支招

1. 让孩子多问问题

孩子总是睁着好奇的眼睛，带着求知的欲望，仔细观察着周围的一切事物，他们会不知疲倦地向父母问一些稀奇古怪的问题。其实，在这个年龄阶段的学生，总是喜欢刨根问底，他们所问的内容比较广泛，有时候甚至让父母哑口无言。有的父母被孩子问得很烦，就没好气地说"就你事儿多，哪来这么多为什么"、"小孩子懂什么"，这样孩子的创造力、想象力就在无形中被父母扼杀了。

2. 积极引导孩子的问题

在这时候，父母要认真面对孩子提出的问题，进行积极引导，即便是太荒谬的问题，父母也要正确引导，让孩子明白到底是怎么样的。孩子们有时候会提出很古怪的问题，父母不要加以责备，而需要明白这来源于孩子丰富的想象力。面对一些新鲜事物，父母应该鼓励孩子多提问，让孩子展开想象的翅膀，让孩子争当"小问号"。

3. 鼓励孩子"异想天开"

我们常说的"异想天开"就是一种想象力，在孩子的心灵里，总是能映现出一个五彩斑斓的世界。当孩子听着童话故事，会展开一系列的想象，甚至会说出一些不着边际的话，这时候，父母不要斥责孩子"胡思乱想"、"胡编乱造"、"编瞎话"，而应该保护这种想象方式。适当的时候，父母应该鼓励孩子异想天开，为他们营造想象的氛围，诱发他们的想象力。例如，父母在给孩子讲述了故事之后，要求孩子自己编故事，让孩子大胆地想象，异想天开，自己编一段，或者续编故事的结尾，这样既训练了孩子的语言表达能力，又激发了孩子的想象力。

父母应该耐心、认真地对待孩子们的异想天开，例如，有的孩子会说：将来我想发明一种食物，吃一点，可以一年不用吃饭。父母也不要大惊小怪，要让孩子觉得这样的想法是很棒的，让他们享受想象带来的乐趣。

4. 开启想象的思路

如果孩子整天待在家里，想象力再丰富的孩子也会有思维的限制，这时候父母要帮助孩子开阔想象的思路。父母可以带着孩子走进社会、走进大自然，拓展孩子的视野，开阔他们的想象思路。五彩斑斓的世界，以及千奇百怪的大自然，都有利于丰富孩子们的思维，激发、开阔孩子们的想象力。孩子的知识面越广，他们的想象力就越丰富。

5. 鼓励孩子实现梦想

德国的莱特兄弟，小时候是一对富有想象力的孩子。一次，兄弟俩在树下玩耍时，抬头看见天上的一轮明月挂在树梢上，于是两人迅速爬上树去摘，但是树枝把衣服钩破了。他们的父亲见此情况，不但没批评他们，反而耐心引导他们，最后兄弟俩发明了世界上第一架飞机。所以，孩子们的想象并不是不切实际的想象，合理的想象本身就包含着现实的可能性。父母需要帮助孩子提高想象的可能性，只要不是太过奇怪的想象，父母可以加以引导，让孩子想办法把想象变成现实。

神奇的思维创意——鼓励孩子突破常规思维

父母的烦恼

孩子的爸爸把几盆好看的花放在阳台上，并嘱咐孩子按时给花儿浇水。几盆花儿在孩子的精心照料下长得枝繁叶茂，春天还开出了漂亮的花朵。有一天，孩子突发奇想地剪下了几枝月季花和太阳花，悄悄地把它们埋到了泥土中，还煞有介事地为它们浇水。

过了几天，孩子看到月季花都枯萎了，太阳花却开花了，还从泥土中冒出了几个新芽。孩子很纳闷，因为两种花都是按照同样的方法种的，可是产生了不同的结果。他带着自己的疑问去找爸爸，爸爸一听孩子把花剪掉了，有些生气地说："你怎么能这样做呢？花儿那么美，你为什么把它们剪掉呢……"孩子呆立在那里，他在想还要不要把自己的新奇想法告诉爸爸。

孩子的大脑通常是灵活的，对外界新鲜事物往往怀有浓厚的兴趣，他们会以好奇的心态向父母提问，这些问题正是孩子了解这个世界、培养创新能力的重要途径，父母千万不要对孩子的问题置之不理，或者随便应付一下，这样会让孩子失去热情，创新能力也会随之消失。另外，创新并不是我们想象得那么神奇，也没有我们想象得那么困难。我们日常生活中的点点滴滴也能体现出创新，创新就在我们身边。

据一份研究资料显示：外国中学生平时看上去学习不大用功，但是能时常提出一些独特的创新见解；而我国中学生平时学生刻苦，成绩也不错，遇到问题时却墨守成规，缺乏创新和突破。这样的现象值得每一位父母警觉和重视，不要再让孩子被动地接受学习，当他们的思想僵化，就毫无创造力可言了。因此，父母应该鼓励孩子的创造性，教会孩子打破常规，突破创新，当孩子的智慧火花闪现时，需要加以保护。

其实，对于孩子的创新思维并不需要太复杂，体现在现实生活中甚至可以是很简单的方法。例如，一个游戏，孩子想出了一种新的玩法；一道数学题，孩子想出了新的解题方法；面对新现象提出的创新问题，等等，这些都是孩子打破常规的创新行为。培养孩子创新意识的方法是多样化的，关键是要父母扮演好领航者的角色，鼓励孩子坚持到底。

❤心理支招

1. 保护孩子的好奇心

面对生活中的种种现象，孩子往往会提出各种各样的问题，甚至有些是听起来十分荒谬的问题，其实，这就是孩子好奇心使然。父母要保护孩子的好奇心，鼓励孩子多质疑、多提问。当孩子不断地问"为什么"时，父母不要马上把答案就告诉他，而是留给孩子一定的思考时间，让孩子说出自己的想法，激发孩子的探索精神，这就开始培养孩子的创新意识了。

2. 激励孩子创新意识

有父母问孩子，雪融化了变成了什么？孩子眨着大眼睛回答，变成了春天。这个孩子的回答就充满了智慧，虽然这是不符合常规的，但他的回答却是具有创新意识的。有时候，父母对于孩子的答案，不能以自己的思维方式或唯一的标准答案束缚孩子，要鼓励孩子打破常规思维定势的羁绊，在判断孩子答案的时候，要把是否具备创新意识放在第一位。只有这样不断地激励孩子的创新意识，才会让孩子的头脑中闪现出创造的火花。

3. 在日常生活中培养孩子的创新意识

创新思维的特点是灵活、变通，平时的日常生活中，父母需要有意识地培养孩子的创新意识。父母可以和孩子一起做家务，对一些简单的事情，可以问孩子"是否还有更好的方法"，鼓励孩子异想天开，培养孩子勇于探索、敢于创造的创新精神。当孩子在做一件简单的事情时，父母可以鼓励孩子多想几种方法，举一反三，然后得出最简单的方法，这样可以培养孩子思维的变通性和灵活性。

4. 让孩子在玩中学习

即便在和孩子玩游戏的时候，父母也可以有意识地锻炼孩子的创新能力，让孩子敢于打破常规思维，进行一些创造性的活动。例如，父母与孩子一起玩折纸船游戏，提醒孩子"怎样让纸船在水里行得更远并且不会沉下去"，然后引导孩子变换纸船的折叠方法、更换纸张等，慢慢探索出可行的方法。时间长了，孩子就会自觉地问"怎样做会更好"，发现问题，解决问题，就会逐渐多了一些创新精神。

思维的尝试——鼓励孩子多探索

父母的烦恼

这天，小豆回家第一件事情就是问爸爸："爸爸，圆周率是什么？"爸爸没有直接回答他的问题，而是向小豆提问："你觉得圆的周长和直径之间有什么关系呢？""我不知道，可是测试出来不就知道了吗。"小豆想出了一个方法，不等爸爸提醒，就自己找来了一个杯子、一把直尺和一条绳子。

找来了这些工具，小豆开始用手边的绳子和尺子量杯子的周长和半径。这时妈妈回来了，看到小豆拿着绳子和杯子，便大声呵斥："你在干什么？又想把杯子摔碎？家里的杯子已经越来越少了，这孩子真是不听话……"妈妈一边说着，一边拿走了小豆手里的杯子。

父母要鼓励孩子多探索，激发孩子探索的兴趣。许多孩子都有探索的能力，但常常被父母忽略掉了，或者父母没有给孩子提供探索的机会。因而，建议父母无论在家里还是带着孩子出去玩时，都要不失时机地鼓励孩子去探索，可以问问他："有什么新的发现吗？"这样，孩子就会动脑筋去思考，动手去开始自己的探索之旅了。

有的父母带着孩子出去玩的时候，喜欢警告孩子："不许到那个地方去！""不要跑远了。"如果看见孩子正在观察一只毛毛虫，就赶紧斥责："一只毛毛虫有什么好看的，一会儿它爬到你身上怎么办。"在父母的大声斥责下，孩子探索的兴趣也就被扼杀了。如果父母问一句："你在看什么呢？发现有什么好玩的吗？"这样也许孩子能够说出自己的想法，长此以往，孩子就会养成一种习惯，看到新鲜有趣的事物，就会留心观察，有什么质疑的，他也自己去找答案，这样有利于培养孩子的探索能力。

❤心理支招

1. 不要告诉孩子答案

有的父母看见孩子在观察什么，就在旁边详细地介绍个不停，唯恐孩子不懂这些。当父母主动告诉孩子，孩子很快就能学到知识，但他是被动接受的。其实，这时候父母应该不把答案告诉孩子，鼓励孩子自己去探索，虽然自己探索的过程比较慢，但是同时孩子还可以学到认识事物的方法，体会到主动探索的乐趣。时间长了，孩子就养成了主动学习的好习惯。例如，父母买回了菠萝、螃蟹、玻璃等新鲜东西，只需要告诉孩子事物的名称就可以了，其余的可以让孩子自己去探索。在探索过程中，孩子会发觉菠萝外面的刺具有伤害性，螃蟹跟菠萝不一样的是能咬人，玻璃容易被打碎，需要小心。

2. 让孩子体会探索带来的成就感

有的父母习惯给孩子买一些积木回来，孩子可以按照自己的想象堆出奇形怪状的东西，这时候不妨把自主权交给孩子，随便孩子怎么玩。每当孩子让你欣赏自己的杰作，你就给予称赞："哇，又有新玩法了，真不错"；并且鼓励孩子积极探索："还有更好玩的玩法吗"，孩子又会在父母的鼓励之下开始新的尝试。你会发现在这个过程中，孩子的头脑越来越灵活了。

3. 不要有太多的"不准"

有的父母带着孩子出去玩，出门之前就开始了"不准"命令：不要把衣服弄脏了，这样看上去像个坏小孩；不要爬树；不要到处乱跑。当你不断地向孩子命令，实际上也扼杀了孩子的探索兴趣。面对外界的新鲜事物，父母应多鼓励孩子去探索，把自主权交给孩子，让孩子能够放开自己、勇于探索。

4. 做好一个旁观者

当孩子在专心地做一件事情的时候，父母不要干扰孩子，有可能父母的喋喋不休会让他断了思路。尽量不要催促他，也不要在旁边不断地提醒他不可以这样、不可以那样，这样会干扰孩子的行为，而且也会让孩子感觉不受尊重。如果孩子在探索过程中遇到了困难，父母不要急于帮助他，可以先给孩子多一些建议，慢慢引导他战胜困难，获得成功。

坚持不懈的精神——培养孩子的耐力

父母的烦恼

军军是一个兴趣广泛的小男孩，他什么都想干，但常常是这个没有干完又去干下一个，结果一件事情都没有干好。妈妈发现军军做事情很盲目，缺乏目的性和针对性，总是想做什么就做什么，累了就选择放弃，从来不会坚持到底。为了培养军军的耐力，每天睡觉前，妈妈都会让孩子将自己的书包整理好，再到卫生间洗脸洗脚，军军有时候会做到，但有时候太累了就直接爬到床上睡着了，这让妈妈很伤脑筋。

周末，小表弟来军军家玩，和军军比赛搭积木，看谁搭得又快又高，虽然这是军军从小就会玩的游戏。但军军明显地表现出心不在焉的状态，只见小表弟有条不紊地将积木一块一块地往上搭，倒了就重来，积木搭得越来越高了。那边，军军可没有那个耐力，一会儿就觉得不耐烦了，他随便找出一块积木往上搭，结果积木全塌了。

坚持不懈地做一件事，需要很大的耐力。孩子的耐力是需要培养的，尤其是对于兴趣很容易转移的小孩子，培养他的耐力更是刻不容缓的事情。有的孩子稍微遇到一点困难就选择放弃，这对于他们未来的人生是极为不利的。因此，培养孩子坚持不懈的耐力应该从小做起。

孩子缺乏耐力主要表现在做事缺乏计划，想什么时候做就什么时候做，想什么时候放弃就什么时候放弃；做事情经常做到一半就放弃，不知道为什么要坚持下去，也不知道怎样坚持下去。父母作为孩子前行的领航者，需要引导孩子认识耐力的重要性，并积极地培养孩子坚持不懈的耐力。

当然，这是一个循序渐进的过程，也需要父母拿出自己的耐力。耐力对于孩子的成长过程很重要，有时候成功其实往往不过是你比别人耐力强了一点，坚强地支撑了更多的时间。耐力是成功必备的条件之一，父母要想孩子在未来的人生中取得成功，就必须有意识地培养其耐力。如何让自己的孩子有耐力呢？当孩子不愿意继续完成一件事情，难道打骂就能解决问题吗？作为新时代的父母，必须摒弃落后的"棍棒教育"，必须坚持不懈地去培养孩子的耐力。

❤心理支招

1. 以鼓励奖赏为主

如果父母能够为孩子制订可行的目标，他做事自然就会有耐力。例如，当孩子想要某种东西的时候，父母可以要求他先达成一定的目标，当他能够完成这个目标，就把某样东西作为奖品给他。当然，随着孩子年龄的增长，他所想要的目标也越来越高，不再是小时候喜欢的棒棒糖或者玩具，这时候，父母就要以合理的原则来为孩子定下目标，让孩子自己把握努力的成果。

例如，孩子想去旅游一次，那么，父母就可以有意识地把这一目标当作奖品,让孩子朝着目标完成一个阶段性的任务,可以是一学期的成绩,也可以是学习某种特长。有时候,父母也可以把制定目标的自主权交给孩子,让孩子提出一些要求,那些奖品父母只要觉得合理就可以了。

2. 在玩中锻炼耐力

爱玩是孩子们的天性,他们往往能长时间地保持玩耍的状态,这其实也是一种耐力。父母应该巧妙地在玩耍中锻炼孩子的耐力,让孩子把游戏当作比赛,以获得成就感来作为奖励。为了让孩子有耐心,父母可以和孩子一起融入到游戏中去。父母可以在玩的过程中故意出错,让孩子找出错误在哪里,这样孩子就能集中注意力,长时间地专注于某一件事。由于专注力是忍耐力的基础,如果培养了孩子的专注力,那么他的耐力自然就不会有问题。

3. 通过历练锻炼耐力

其实,孩子的兴趣越广泛,就越容易磨炼他的耐力。一个人的耐力,实际上就是建立延迟满足欲望的能力。在这一过程中,孩子保持了长久的耐力,没有情绪上的波动,他的耐性自然而然就建立起来了。所以,父母可以安排孩子多参加不同类型的兴趣活动,如果孩子喜欢唱歌跳舞,父母就鼓励他积极参与,孩子在兴趣的激发下愿意接受历练并考验自己。父母应尽可能地把这样一个空间和平台提供给孩子,这就是一个良好的开始。

4. 给孩子一个挑战的机会

许多父母认为孩子太小了,一些事情可能难以长时间地坚持下去,这也是很正常的。其实,只要父母相信孩子能够做到,并给孩子一个挑战自我的机会,那么孩子就一定有耐力去完成事情。父母可以选择一些孩子现在做不到的事情,但他们本身有能力做的事情,引导他们去完成,不要随便让孩子轻易地放弃。

面对挑战,父母应该与孩子一起制订一个具体的目标,帮助孩子不断地尝试挑战自我,树立进取心。例如,孩子不喜欢运动,开始跑步一会就停下来了,这时候,父母可以把他今天跑多少路程算作一个任务,明天再追加到多少,这样时间长了,孩子就有了足够的耐力。

第14章

性教育心理学：
别让性的困惑害了孩子

性是人生中不可回避的问题。现在孩子的性早熟和青少年性犯罪的增多，引起了人们的普遍关注。作为父母，如何科学地对孩子进行性教育，是关系孩子身心健康成长的一个关键问题，父母必须认真对待。

父爱缺失，引导女儿性心理健康发展

> **父母的烦恼**

小樱今年8岁，正在上三年级，由于妈妈和爸爸从结婚到小樱5岁之前一直都是两地分居的状态，那时候每个月小樱只能和爸爸相处几天。5岁之后到现在，由于爸爸工作原因，父女俩更很少见面。

最近小樱的班主任向妈妈反映，孩子在学校里很喜欢男老师，有时候会玩得很疯，偶尔还会和那些男老师抱在一起，也非常喜欢和男同学一起玩。对于女同学，她则有些冷淡，不太喜欢与女同学一起玩。妈妈觉得这是小樱从小缺乏父爱造成的后果，现在该如何引导和开导小樱呢？

通常父母对女孩的异性交往会操心一些，而案例中小樱与异性的交往行为有些异常，这确实令父母担忧。从性心理的发展阶段来看，3~5岁的孩子在与异性交往中确定了自己的性别。6~12岁是性潜伏期，这一阶段前半期的特点是喜欢与异性交往和接触；后半期表现为排斥异性，只跟同性玩。案例中的小樱处于喜欢与异性交往的阶段，这只是显示出孩子热情活泼的性格，这与父母意识里带性意识的亲热是不一样的。

在孩子的成长过程中，母亲对3岁前的孩子最重要，而父亲在3岁后开始发挥作用。3~5岁是成长中的"恋母情结"和"恋父情结"阶段。在这个阶段，异性父母需要操很多的心，例如爸爸给予女儿足够的亲近来满足"性依恋"的心理需要，鼓励孩子与父母相处，营造和谐的家庭氛围。

假如在孩子的成长过程中父亲经常缺席，那么孩子在3~5岁之间性依恋的满足是不够的，不过这并不能用来判断孩子现在的性心理发生问题。假如父母用成年人带着性意识的眼光去看待孩子的异性交往，这是不恰当的。

在父亲缺席的情况下，怎样让孩子的性心理健康发展呢？心理学家给予了这样一些建议。

❤心理支招

1. 加强父亲在孩子心里的位置

假如父亲工作确实比较忙，在孩子的成长过程中缺席，那么父亲的形象是不能缺少的。母亲需要加强父亲在孩子心里的位置，例如在家里醒目的位置挂着父亲以及一家人的亲密照片，多与孩子说父亲的故事、父亲的优秀、父亲对他的思念和爱等。

2. 让孩子与父亲定期联系

假如父亲远在外地，母亲需要想办法让孩子与父亲定期联系。即便孩子还不会说话，也要引导孩子与父亲联系，例如打电话时，引导孩子："跟爸爸说再见"、"给爸爸一个飞吻"，让孩子明白还有爸爸在经常关心自己。

3. 让孩子多接触家里其他的年长男性

假如父亲不经常回家，母亲可以让家里另外一个年长男性与女儿接触，如舅舅、爷爷等，以此让男性的典范不因父亲的缺席而缺少。

4. 不要强化孩子的行为

母亲不要强调孩子的行为是不正确的或有问题的，假如给予孩子这样的判断，其实就是强化了孩子接触男老师的性意识，孩子就可能朝着母亲担心的方向发展。母亲对这个问题可以做适当的引导，对孩子说："听说你今天与男老师玩得很开心，你们都玩了些什么啊？这个老师是不是特别和蔼，你喜欢和他玩吗？"当孩子告诉你答案之后，母亲可以赞赏孩子是一个活泼开朗的孩子，所有人都喜欢和她一起玩。

在不同时期对孩子进行必要的性教育

父母的烦恼

刘妈妈抱着儿子到朋友家里玩,儿子想要撒尿时,朋友急忙从床底下拿出了女儿小琳的小便盆。一会儿,小琳搂着妈妈的脖子,咬着耳朵悄悄地问:"小弟弟有'那个',我怎么没有?"小琳妈妈吃了一惊,然后微微地会心一笑说:"小琳,因为你是女孩呀!""妈妈,女孩为什么没有'那个'呢?"小琳接着问,妈妈脸上似有愠色,说:"因为男孩和女孩不一样啊!"小琳没有得到确切的回答,睁着两只大眼睛,天真的脸蛋上写满了期盼,问:"男孩和女孩为什么不一样?"妈妈有些生气地说:"你哪来这么多为什么啊?"

孩子从三四岁到上小学的这段时间,求知欲特别强,对身边的什么事情都想追问清楚。现在电视上大多有拥抱、接吻和亲热的镜头,对于好问的孩子而言,可能会提出许多让父母难以回答的问题,诸如"孩子是从哪里来的""避孕套是做什么的"等。

北京的一所大学对4个年级的学生进行了一次随机抽样调查,结果显示,从影视作品、互联网、书报、杂志上获取性知识的占81%,而从父母那里获取的只占0.3%,少得实在可怜,约30%的母亲在女儿来月经之前没有告诉孩子月经是怎么回事和如何处理。很多父母没有性教育的经验,甚至自己就是性知识方面的"文盲",当孩子问及性知识方面的问题时,扭扭捏捏,总是说些模棱两可、似是而非的话;即便有性知识的家长,也不敢和孩子开展关于性知识的对话。

中国父母在对孩子的性教育上有几个明显的误区:许多父母由于自己

在成长过程中没有接受过性教育,因此他们按照自己的成长经验,认为孩子不需要性教育;父母对性的问题持回避以及排斥态度,他们担心说多了会诱导孩子,说少了又怕说不清楚;认为性教育是青春期教育;有的父母平时穿衣服不太注意,经常在家里穿着暴露,结果孩子耳濡目染,没有性别意识。

心理学家认为,性教育绝不是可有可无的,它的影响将伴随着孩子的一生,就好像弗洛伊德所说,你今天的状况和幼年有关。父母应该意识到儿童性教育的重要性,必须摒弃过去谈"性"色变的态度,必须改排斥为循循善诱,即便尴尬,也不容回避这个严重的问题。

对于孩子的性教育,必须重视以下三个阶段:

❤心理支招

1. 幼儿期——适度引导

幼儿期指的是3~6岁的孩子,实际上性教育最早从两岁就应开始。在这一阶段,孩子喜欢玩一些"性游戏",如接吻、结婚、生孩子、抚摸生殖器官。假如父母看到这样的情况,不要觉得紧张,孩子玩这些游戏只是对生活中看到的事情进行模仿而已,也不要粗暴地打断他们。假如孩子发现抚摸别的部位,父母都不会在意,唯独抚摸这个部位,父母态度马上紧张起来,孩子就会故意、经常抚摸那个部位,以引起父母的注意。

这时父母可以想办法分散孩子的注意力,如吸引孩子玩捉迷藏游戏,而不是故意去打断他们。对能听懂话的孩子,可以告诉他们身体的某些部位是不能让别人看或触摸的,如胸部、生殖器官,同时也不能看或触摸别人的这些部位。父母要有耐心地向孩子灌输自我保护的观念,嘱咐孩子假如有人触摸了这些部位一定要告诉爸爸妈妈。

孩子3岁以后,可以跟父母分床睡。年龄再大些,假如条件允许的话,尽可能分房睡,以免父母过性生活时对孩子造成负面影响。即便不能分居,也应该挂个帘子进行分隔。

2. 儿童期

6~9岁的孩子正处于性欲的潜伏期,容易受他人或传媒的影响,接触到一些有关性的不正确的信息，这时他们需要父母的帮助来了解性别角色。父母最佳的教育方式就是当电视里刚好出现亲热镜头或看到报纸上的相关小故事，借机对孩子进行性教育。这时父母势必要成为孩子成长过程中最佳的性教育指导者，当孩子对性有了疑问的时候，孩子第一个想到的就是请教父母，而不是问其他人。

这一阶段父母要改变传统思想，认真解答孩子提出的关于性的问题，取得孩子的信任。一旦发现孩子接触黄色视频，不要辱骂孩子，而应引导孩子阅读正确的性教育读物。

3. 青春期

在孩子青春期，尽管学校会开设一些专门的课程，不过父母并不能对孩子的性教育就此放松，反而需要更加关注，协助孩子度过青春期。进入青春期的年龄，女孩在10岁左右，男孩在12岁左右。

通常父母会对女孩子比较注意，而容易忽视对男孩的关注，主要是因为女孩子有青春期来临的明显标志，如月经来潮，而男孩子就不会那么明显了。不过男孩子也会出现遗精、变声、长喉结等。父母需要注意的是，青春期男孩子可能开始有自慰的现象。

这一阶段，父母可以引导孩子通过其他方式，如运动来释放能量，减少其自慰的次数，不要给青春期孩子穿太紧的衣服，如牛仔裤，建议穿宽松的裤子。父母可以多给孩子拥抱、拍肩膀等动作，给孩子一些亲密的触碰，有助于减轻孩子因青春期身心变化而带来的焦虑。

如何对男孩进行针对性的性教育

父母的烦恼

卢妈妈近期为4岁儿子"我从哪里来"的问题所烦恼。妈妈之前跟他说，妈妈肚子里有个种子，长大了就成了你了。但他后来有一天跟妈妈说，"妈妈，我的肚子里也有一颗种子"。搞得妈妈哭笑不得，不知道怎么给他解答这个问题。

一位妈妈对12岁儿子的遗精非常关注，每次儿子换下的内裤都要进行检查，发现内裤上的精液痕迹后还要向儿子询问是否遗精，结果让儿子非常不好意思，总是把自己的内裤藏起来，甚至直接扔了。

大多数父母对于如何对孩子开展性教育充满困惑，觉得回答孩子相关问题时很尴尬，不知道如何解答。有心理学家表示，不能刻意回避孩子关于性的问题，建议父母在自然的状态下引导孩子学习性知识。同时，在幼儿园阶段就应该开始对小孩的性教育，而要改变目前性教育的窘境，最关键的是要改变老师和父母的观念。

家中的男孩子渐渐长大了，会慢慢发现自己和其他人尤其是女孩子的不同。作为父母要正确、大方地对待男孩子提出的问题，清楚明确地对孩子进行性知识的传播，对孩子进行正确的性道德教育。

♥心理支招

1. 父亲是男孩性教育的最佳人选

在现实中，很多母亲越俎代庖，代替父亲与儿子交流遗精的话题，这是非常不合适的。而父亲借口工作太忙来回避对男孩的性教育，这是对孩子不负责任的表现。假如母亲对孩子遗精的事情非常关注，还询问孩子是否遗精，母亲这样的行为严重侵犯了儿子的隐私，让儿子产生不被尊重的感受。母亲要明白儿子是一个男人，要保持与儿子的界限。

2. 帮助男孩建立正确的性别观

尽管一个人的性别在受精的一刹那就决定了，不过在心理层面上，性别的心理发展是从3岁到成年的这段时间进行的。通常3岁左右的孩子，就会知道自己是男孩子还是女孩子，不过他们会好奇地问：为什么女孩要穿裙子、留长头发，而男孩子要穿裤子、留短发，这是儿童性别心理发展的开始。在这个阶段，父母需要注意，让孩子懂得保护自己的身体，同时让孩子对身体的各个部位有大概的意识。

很多男孩是家里的独生子，从小受到父母长辈的宠爱，他们喜欢待在家里玩电脑，习惯了跳跃式、非逻辑思维方式，不会考虑其他人的感受，容易变得自私冷漠。有的男孩子到了适婚年龄，心智依然不成熟，没有责任意识，担不起责任。所以，父母要培养孩子的性别意识，越早越好。

3. 对男孩进行性知识灌输

父母让孩子认识自己的身体，例如给孩子洗澡时，可以告诉他身体每个部位的名称以及功能，就好像做游戏一般。在公众场合需要换衣服时，引导孩子不要在公众场合换衣服，可以找一个遮蔽的地方，因为身体的一些部分是隐私的，让孩子了解到自己的性别。

对于孩子提出的性问题，父母需要尽可能地用简单的语言告诉他，例如大方提到乳房、阴茎等字眼，就好像提到苹果一样。同时需要告诉孩子，这些部位是隐私的。父母需要端正自己的思想，才可以给孩子正确的引导。面对孩子提出的问题，父母只需要给一个直观的回答，不宜太详细，这样只会让孩子感到混乱。

4. 对男孩进行性道德教育

对男孩进行早期性教育，关系到男孩身心是否健康成长，关系到家庭和社会的安定。给孩子灌输隐私的概念，隐私的概念应该从开始进行性教育时就帮助孩子建立。父母要告诉孩子，生殖器是人的隐私部位，在没有得到允许的情况下，其他人无权看或触摸这个部位。同时，父母需要通过非语言行为向孩子传递正面的信息，例如夫妻之间互相尊重、助人为乐等做事原则，这是对孩子最好的教育。

如何对女孩进行针对性的性教育

父母的烦恼

马太太5岁的女儿文文前不久在幼儿园尿裤子了,起因是她想像男孩一样"站着尿尿"。马太太回忆起女儿的这段趣事,忍俊不禁。她回家问妈妈,"为什么有的小朋友上厕所可以不用蹲下来?"妈妈一开始的回答是"因为他们有尿尿的器官,而你没有。"女儿就要求妈妈带她去超市里买一个。

后来,马太太和老公商量,应该用简单平实的语言告诉女儿,不同性别与生俱来的特征有哪些。"后来我只能跟她解释说,男孩站着尿尿,女孩蹲着尿尿;女孩可以穿裙子,男孩一般不穿裙子。"不过,他们并不清楚,这样解释给孩子听,孩子是否听得懂。

许多父母在孩子的成长过程中都缺乏对其进行适当的性教育,如何对孩子尤其是女孩子进行性教育,是每一位父母面临的问题。心理学家认为,给孩子正确、适当的性教育,会让孩子更加自信地成长。

现代许多家庭对处于学龄前的女孩缺乏性保护,对女孩子的性教育更是只字不提。近年来,儿童遭到性侵害的案件屡有发生,特别是对女童私处的侵害,一次次血与泪的教训告诉父母们,从小就应教育女孩子自我防范性侵害,学习保护自己的身体。

心理支招

1. 让女孩知道哪些部位是"隐私"

在大量女童性侵害案件中,有许多是因为女童不懂得分辨隐私部分和性侵害行为，有些则是父母不懂得教育孩子，甚至有些父母对孩子形成"二次伤害"。所以，让女孩子及早了解性知识，懂得性安全，对保护自己十分重要。对于2~5岁的孩子，要教孩子正确对待私处，这个阶段的孩子已经进去性蕾期，可能会当众触碰自己的生殖器官或玩性游戏。对此，父母可以告诉女孩子，那些属于秘密的、不能暴露的地方，教育孩子保护私处的一些基本知识，平时给孩子穿宽松的衣裤以减少刺激，并增加有趣的活动转移孩子的注意力。

2. 帮助女孩鉴别各种触摸

父母在平时可以告诉孩子，哪些是好的触摸，哪些是不适当的或有害的触摸，以及不知道是好是坏的触摸。诸如好的触摸是父母的拥抱、亲吻，与小朋友手拉手；不适当的触摸是打、拍、踢，或触摸孩子的隐私部位。

同时告诉孩子谁可以触摸自己，谁不可以触摸自己，只有父母或其他照顾孩子的人给他（她）洗澡的时候，才可以清洗孩子的私处。

3. 制定安全规则

父母可以与孩子一起制定安全规则，告诉孩子当身体的隐私部位受到某种不适当的触摸或被迫面临某种性侵犯时，可以采取这三个办法：用十分肯定或严肃的语气告诉对方"不要碰我"；尽快地离开；尽快将自己所经历的事情告诉自己最信任的一个成年人。

4. 3岁后的女孩子最好独睡

3~6岁是孩子的俄狄浦斯期，女孩子会对父母的关系、两性之间的问题比较敏感。孩子3岁以后最好与父母分床睡，不过什么时候分房睡，需要依据孩子的实际情况决定。父母可以为孩子布置舒适的环境，准备一些洋娃娃，让孩子感受到安静与温暖。不过这并不需要急于求成，假如没有良好的过渡期，反而会让孩子对独睡产生恐惧。

5. 别把女孩打扮成男孩

有的父母给男孩穿裙子，而把女孩打扮成男孩模样。孰料，这样做会使孩子对自己的性别认知产生障碍，甚至造成"易性癖"。孩子长大之后，容易陷入同性恋的性心理。

引导孩子正确看待对异性的眷恋

父母的烦恼

张妈妈是小学六年级某班的班主任，最近，班里一次偶然的男女生调换位置，却引来了许多同学的哄笑，有些胆子比较大的同学竟然开玩笑说："这样就是真的绝配了。"而那位被调换位置的女生似乎意识到了，红着脸低下了头。这件小事引起了她对这些孩子的关注，有了空闲时间，她就深入到孩子当中，了解他们的学习生活和思想状况。

果然，张妈妈发现了班里有传递纸条、写情书的现象，一位写作能力较好的女孩子用她细腻的文笔抒发了她对一位男生的爱意。而那些性格比较外向的男生一下课便跑到自己有好感的女生的班上，希望能够引起女生的注意。在课间的走廊上、教室里，经常看到男生女生在一起你追我打，嘻嘻哈哈。每当男生在操场打篮球的时候，旁边总是三三两两围着一些女生。这可是小学六年级呢！张妈妈感叹，想到就在本校读初一的女儿，她就忧心忡忡。

歌德说："青年男子哪个不善钟情？妙龄少女谁个不善怀春？"孩子爱慕异性，这是极为正常的心理现象，这是每一个精神发育正常的青少年都会有的感情的自然流露。进入青春期以后，男孩女孩彼此向往、互相爱慕，是青少年心理发展的一个重要表现，这也是他们恋爱成功与婚姻美满的性心理基础。作为父母，要了解孩子在青春期的早恋情况，就应该先了解孩子心理和情感在青春期早期的发展规律。

青春期的异性情感发展需要经历三个阶段，称为"青春三部曲"：

异性排斥期

这个阶段大概在孩子9~10岁，持续时间大约为两年。在这一阶段，孩子的身体开始出现一些青春期早期的生理变化，例如，女孩子的乳房开始发育，男孩子开始长阴毛。在孩子的潜意识里不愿意让别人发现自己身体的变化，因而产生了对异性的排斥心理。具体表现为，原来两小无猜、互相打闹的男女生好朋友，忽然变得生疏起来，互相回避，彼此不说话、不往来，男女界限"泾渭分明"。

异性吸引阶段

在孩子12~13岁时，开始对异性产生好奇与好感，渴望参加有异性的集体活动。他们希望能结识有共同话题的异性朋友，这是孩子们学习与异性交往的重要时期，他们往往能在活动中发现自己喜爱的异性类型。

异性眷恋阶段

这一阶段又称为原始恋爱期，是青春期发展的第三个阶段，大多发生在孩子15~16岁。在这一阶段，孩子们心里蕴藏着内心的强烈眷恋，但又不敢公开表露，他们只是用精神交往方式来显示自己情感的纯洁性。同时，这也是孩子们的性心理发展阶段，他们的内心虽然多了冷静与理智的成分，但是没有办法克制自己的行为。

每一个青春期的孩子都要经历这样一个过程：排斥异性——在群体中找到自己喜爱的异性类型——期望与自己喜欢的某个异性深入交流。如果父母仔细观察孩子，就会发现孩子在每一个时期的不同表现。对待孩子的性心理发展历程，父母不应粗暴地界定为早恋，而应学会理解孩子的这种对异性眷恋的心理需求。

❤心理支招

1. 鼓励孩子多参加集体活动

在异性相吸的阶段，父母应该鼓励孩子多参加集体活动。如果孩子在这一阶段没有获得足够的机会参加集体活动，在集体交往中寻找自己喜欢的异性类型，那么，孩子就有可能直接进入下一个发展阶段——眷恋某一个异性。在现实生活中，父母总是担心孩子与异性接触，尽可能地阻止孩子参加有异性的集体活动，殊不知，这样反而促使孩子提早进入早恋阶段。所以，父母要鼓励孩子参加对身心健康有益的活动，以转移其注意力，发泄其充沛的精力。鼓励孩子根据个人兴趣，发展个人爱好，这样早恋会适当减弱或转移。

2. 引导孩子正确与异性相处

这一时期的孩子对异性有强烈的好奇心，他们渴望接近异性又害怕受到来自异性的伤害。作为父母，应该理解孩子的这一心理需求，鼓励孩子正常地与异性朋友交往，引导孩子在交往过程中尊重对方的人格，真诚交往，互相学习。在与异性单独接触的时候，让孩子注意分寸，嘱咐女孩子尽量不要晚上单独与男孩子约会；如果对方提出一些无理的要求，要敢于说"不"。

孩子早恋了，父母怎么办

父母的烦恼

一位糊涂的妈妈坦言："我真没想到自己的儿子也早恋了，看来，平日里我们做父母的对孩子关心不够，关注不到位。儿子刚上初中时，还是跟以前一样，放学早早地回来，自己写作业，我们也不操心什么。

后来，过了半学期，以前从来不主动要东西的儿子开始开口让我给他买新款的衣服，说老实话，听到儿子开口要东西，我这个当妈妈的还真高兴。平时工作太忙了，他的衣服差不多总是一个季节一个季节地买，我也没怎么关注现在流行什么，看来儿子也开始爱美了，当时我还跟儿子开玩笑说'打扮得酷一点，这样就能迷倒不少女生了'，没想到，真的被我说中了。"

案例中的妈妈确实有些粗心大意，对孩子关注不够，连孩子早恋了都不知道。其实，早恋已经是一个老生常谈了，但是，学校里的早恋现象还是屡禁不止，反而呈现出越来越严重的趋势。虽然，早恋现象日益普遍，但也并不是每一个青春期的孩子都会出现早恋。而且，如果父母能够仔细观察自己的孩子，就一定会从孩子的行为、言行中发现端倪。因为，孩子早恋是有迹可循的。

那么，在生活中，哪些孩子容易早恋呢？

在学校里，那些性格外向、相貌出众的孩子比那些性格内向、相貌平平的孩子更容易发生早恋。心理学家认为，那些性格外向的孩子大多敢于触犯规矩，一旦有了自认为合适的对象，他们就会大胆追求，有某些女生更是以被男生爱慕为荣。

教育专家称，那些缺少家庭温暖的孩子也容易早恋。例如，在一个家庭里，父母感情破裂、经常吵架，对孩子关心不够。或者，父母已经离婚，孩子没能得到完整的爱，他（她）生活在一个冷漠、压抑的环境中，心里渴望温暖，而来自异性的爱恰好能弥补这一点。

此外，那些学习成绩差的孩子比成绩好的孩子更容易早恋，这些孩子平时受到的关心比较少，他们没有办法把精力集中在学习上，在学习中他们无法获得乐趣。于是，他们便把那些无处打发的时间和精力转向所谓的"爱情"，以弥补感情上的空虚。

孩子进入青春期以后，父母需要密切关注孩子的一举一动。当然，这并不意味着父母全权干涉孩子的社交自由，或者监视孩子的行为；而是关注到孩子心理、情绪的变化，一旦发现孩子出现早恋现象，需要及时劝阻引导，以免孩子陷入感情的泥沼。

❤心理支招

1.孩子早恋有哪些信号

孩子早恋是有迹象可寻的，这需要父母仔细观察。例如，孩子常常背着家人偷偷写信、写日记，如果不小心被看见了，急忙掩饰；家里经常有异性打电话来，经常收到发信人地址"不详"的信；孩子突然对那些描写爱情的文艺作品、电影感兴趣；孩子情绪起伏大，时而兴奋，时而忧郁，时而烦躁不安；孩子突然喜欢打扮，注意修饰自己；活泼好动的孩子突然变得沉默，不愿意和父母多说话；经常找借口外出，有时还撒谎；突然喜欢谈论男女之间的事情；回家后喜欢一个人待在房间里，经常无故走神发呆。

2. 父母不应"对号入座"

如果孩子出现上面所述的情况，父母也不应该"对号入座"，而应关注孩子的变化，弄清楚孩子到底有没有在恋爱。有时候，可能孩子遇到了烦心事，他并没有早恋。即使发现孩子真的早恋了，父母也不要轻举妄动，而应温和地问"听说，你最近和某某玩得很好，是吗？"，以朋友的身份与孩子聊天，以便帮助孩子走出"早恋"的泥沼。

孩子是否真的有同性恋倾向

父母的烦恼

一位焦虑的妈妈走进心理咨询室，讲述了自己女儿的事情：

我担心自己的女儿有同性恋倾向，女儿从小身子就比较娇弱。那时候，我担心孩子在学校受其他同学的欺负，就拜托了班里的女同学帮忙照顾女儿。就这样，女儿开始更多地接触女同学，从来不与男孩子打交道。当我尝试着问女儿："你怎么一个异性朋友都没有呢？"女儿回答说："我觉得只有女生才最了解、体贴女生。"如此的回答让我吓了一跳，我开始慢慢注意女儿的同性朋友。

我发现，女儿玩得比较好的女同学都是那种乖乖的女生，其中也有打扮很中性的女生。这让我心里很不安，我试探着问女儿："你的朋友为什么喜欢中性打扮？"女儿开玩笑般地回答说："这样可以更好地照顾我啊。""可是，你们这样，会……不会……咳咳……走得太近了？"我说话有些吞吞吐吐，女儿白了我一眼："这算什么，我们班里玩得好的女生还在一起拥抱、亲吻呢。"听了女儿的话，我真是吓坏了，我开始担心她有同性恋的倾向。

一直以来，早恋现象被不少父母当作"洪水猛兽"，现在，孩子的恋爱不仅存在于异性之间，还有可能存在于同性之间。面对这样的情况，许多父母表示"宁愿自己的孩子与异性恋爱，也不愿意孩子卷入同性恋中"。但是，到底哪种是同性爱恋倾向？如果孩子有了同性恋的倾向，父母该怎么办呢？

我们来分析一下青春期孩子同性恋倾向的心理特点：

其实，那些具有同性恋倾向的孩子在面对自己的情况，多是自责和愧疚，他们对"同性恋"的认识还不够全面，往往带有自己的主观判断。他们很容易把"同性恋"与肮脏、丑恶、艾滋病等负面的事情联系在一起，认为"我是一个心理有问题的人"。

那么，造成这些孩子有同性恋倾向的原因是什么呢？

许多孩子模仿恋爱，一旦失败了，就有可能导致自己性取向的变化，转移到关系密切的同性伙伴。还有的则是家庭因素，目前孩子大多为独生子女，父母平时忙于工作，不注意孩子的心理教育，只看重孩子的学习成绩，从小到大坚决反对孩子与异性交友、学习、玩耍，因此，孩子的朋友圈里全是同性。有的孩子长期生活在父母不和的家庭中，父亲常年在外，不关心家庭，女孩子从小到大所接触的都是母亲，导致她对男性存在恨意，进而更多地愿意接触同性。

❤心理支招

1. 不要以言行、外表来判断孩子有同性恋倾向

一位心理医生告诉我们："我曾经接触一对有同性恋倾向的孩子，她们每天形影不离，而且动作相当激烈，不管在什么场合，她们都会拥抱、

亲吻，这样古怪的行为受到了其他同学的强烈排斥与疏远，她们为此感到很苦恼。她们告诉我，他们拥吻时并没有性方面的冲动感觉，只是模仿言情电视剧里的亲热镜头，觉得挺新奇好玩的。其实，她们也并不是真正的同性恋，这样的行为是阶段性的。她们所在的班级全是女生，因此，她们缺少与异性交往的机会。"如此看来，孩子是否有同性恋倾向，并不能靠简单的行为、装扮来猜测。

2.鼓励孩子多与异性正常接触

如果发现孩子有同性恋的倾向，你需要用自己的言语以及方式去努力改变孩子的性取向，例如"不要经常和女生在一起"，"多和男生交流交流"，等等。鼓励孩子多与异性接触，这样，时间长了，孩子会慢慢改变自己的性取向。

3.引导孩子健康发展心理

在孩子成长过程中，有的父母喜欢将孩子异性化装扮，或者让他（她）长期只和异性朋友玩耍，这样有可能使孩子产生过多的异性心理，淡化自己的性别，在性别的心理认同上产生模糊。对此，父母要引导孩子发展健康的心理，不要因为想要女儿，就将儿子异性化装扮。

参考文献

［1］贾黛翙. 好父母一定要懂的那些心理学［M］. 北京：新世界出版社，2009.

［2］沛泽妈. 好父母要懂的61条心理法则［M］. 北京：中国社会出版社，2014.

［3］王佳. 不一样的孩子心理学：13岁前，父母一定要懂的那些心理学［M］. 北京：中国华侨出版社，2012.